W0258837

Mathematische Zeichen und Abkürzungen

$\mathbb{N}$	Menge der natürlichen Zahlen
$\mathbb{N}_0$	Menge der natürlichen Zahlen einschl. 0
$\mathbb{N}_k$	Menge der ersten k natürlichen Zahlen
$\mathbb{N}_{0,k}$	Menge der ersten k natürlichen Zahlen einschl. 0
$\in$	ist Element von
$\notin$	ist nicht Element von
$\wedge$	und
$\vee$	oder
*	steht für Präfixtaste $\boxed{\text{2nd}}$, z.B. $\boxed{\text{*EXC}}$ statt $\boxed{\text{2nd}}$ $\boxed{\substack{\text{EXC}\\ \text{RCL}}}$
AR	Anzeigeregister, im Text auch: Sichtfenster des Rechners
(AR)	Inhalt des AR; die im Sichtfenster angezeigte Zahl
R_n	Datenspeicher (Datenregister) mit der Adresse $n \in \mathbb{N}_{0,9}$
(R_n)	Inhalt des Datenspeichers R_n
T	Austauschspeicher, Vergleichsspeicher
(T)	Inhalt des T-Speichers
$(R_n) \rightarrow AR$	Inhalt des R_n wird ins AR gebracht
$(AR) \rightarrow R_n$	Inhalt des AR wird in R_n gebracht
$(AR) \leftrightarrow (R_n)$	Austausch der Inhalte des AR und R_n
$:=$	Ergibt-Zeichen; gelesen: ‚wird ersetzt durch' oder ‚ergibt sich aus'
BAR	Befehlsadreßregister
BARS	Befehlsadreßregisterstelle
PSS	Programmspeicherstelle

Hans Heinrich Gloistehn

Programmieren von Taschenrechnern 2

Lehr- und Übungsbuch für den TI-57

Vieweg

ISBN-13: 978-3-528-04094-9   e-ISBN-13: 978-3-322-85853-5
DOI: 10.1007/978-3-322-85853-5

Vorwort

In den letzten Jahren haben die wissenschaftlichen Taschenrechner die bisherigen Rechen-
hilfsmittel (Rechenschieber, elektromechanische Tischrechner usw.) weitgehend abgelöst.
Seit einiger Zeit befinden sich *programmierbare* Taschenrechner auf dem Markt, die wegen
der vielfältigen Einsatzmöglichkeiten und des günstigen Preises ebenfalls rasch einen immer
größer werdenden Abnehmerkreis finden werden. Diese Geräte können noch mehr als die
bisherigen den Benutzer von lästiger und langwieriger Rechenarbeit befreien.

Dieses Buch wendet sich hauptsächlich an den im Programmieren unerfahrenen Leser, der
seine ersten Kenntnisse auf diesem Gebiet mit einem programmierbaren Taschenrechner
erwerben möchte. Wir denken dabei an die Studenten der ersten Semester naturwissen-
schaftlicher oder technischer Fachrichtung an Fachhochschulen oder Universitäten. Weiter
an die Lehrer und Schüler der Studienstufe an Gymnasien. Der programmierbare Taschenrechner entlastet ja nicht nur vom aufwendigen Rechnen, sondern er erzieht auch zum
logischen Denken und genauen mathematischen Formulieren. Schließlich denken wir auch
an diejenigen, die ohne Nutzanwendung sich einfach nur aus Spaß und Freude mit dem
Programmieren eines Taschenrechners beschäftigen möchten.

Der I. Teil des Buches ist nach Gesichtspunkten der Programmiertechnik geordnet. Es wird
an Beispielen erklärt, wie der Taschenrechner zu programmieren ist. Die mathematischen
Voraussetzungen sind dabei nicht sehr groß, Schulkenntnisse der 11./12. Klasse dürften
ausreichend sein. Die Übungen am Ende jedes Abschnitts sollen dem Leser Gelegenheit
geben, sein Wissen durch selbständiges Lösen von Aufgaben zu überprüfen. Die Lösungen
sind im Anhang zusammengestellt. Im II. Teil des Buches findet der Leser Beispiele aus
der Mathematik und Technik, die sich vorteilhaft mit einem programmierbaren Taschenrechner lösen lassen oder die programmiertechnisch interessant sind. Eine Vollständigkeit
in der Erfassung der behandelten Gebiete wurde hier nicht angestrebt.

Gerne hätten Verlag und Autor ein Programmierbuch herausgebracht, das unabhängig
vom Rechnertyp benutzt werden kann. Die Erklärungen zur Programmierung der vielen,
in der Bedienung oft sehr unterschiedlichen Geräte hätten aber den Rahmen dieses Buches
gesprengt. Aus diesem Grunde hat der Verlag sich für die Herausgabe der Reihe *Programmieren von Taschenrechnern* entschieden, in der in jedem Band nur bau- und bedienungs-
gleiche Rechnertypen dargestellt werden. Im vorliegenden Band 2 dieser Reihe wird der
programmierbare Taschenrechner TI-57 von Texas Instruments beschrieben.

Den Mitarbeitern im Verlag Vieweg sei herzlich gedankt für die gute Zusammenarbeit
beim Entstehen dieses Buches.

H. H. Gloistehn

Hamburg, im Winter 1977/78

Inhaltsverzeichnis

I. Teil:
Anleitung zum Programmieren mit dem TI-57

1. Manuelles Rechnen

Wenn Sie das Programmieren mit einem Taschenrechner (im folgenden meistens kurz **Rechner** genannt) lernen wollen, so ist zunächst einmal eine sichere Beherrschung des *manuellen* Rechnens erforderlich. Viele von Ihnen benutzen vielleicht schon seit einiger Zeit einen technisch-wissenschaftlichen Rechner, anderen ist bisher nur die Handhabung eines einfachen Rechners mit Standardoperationen (+, −, x, ÷) geläufig. Schließlich werden einige von Ihnen bisher überhaupt keine Erfahrung mit Rechnern besitzen. Wir stellen daher in diesem 1. Kapitel die Grundbegriffe des manuellen Rechnens zusammen. Überprüfen Sie Ihr vorhandenes Können auf diesem Gebiet anhand der Beispiele oder Übungsaufgaben. Je nach Erfolg dieser Tests können Sie sofort zum 2. Kapitel übergehen oder Ihr Wissen über das manuelle Rechnen auffrischen bzw. neu erwerben.

1.1. Die 4 Grundrechenarten

Wie die 4 Grundrechenarten Addition (+), Subtraktion (−), Multiplikation (x) und Division (÷) mit einem Taschenrechner durchgeführt werden, zeigen die folgenden Beispiele. Bei der Zahleneingabe ist statt des Kommas in einer Dezimalzahl der Punkt zu benutzen, und bei einer Zahl zwischen 0 und 1 darf die 0 vor dem Punkt weggelassen werden. Für 0,674 z.B. können wir 0.674 oder .674 eingeben.

Summe: 2,31 + 4,26

Eingabe / Taste	Anzeige
2.31	2.31
+	2.31
4.26	4.26
=	6.57

Differenz: 38,4 − 21,5

Eingabe / Taste	Anzeige
38.4	38.4
−	38.4
21.5	21.5
=	16.9

Produkt: 0,843 · 12,5

Eingabe / Taste	Anzeige
.843	0.843
x	0.843
12.5	12.5
=	10.5375

Quotient: $\dfrac{346,2}{51,8}$

Eingabe / Taste	Anzeige
346.2	346.2
÷	346.2
51.8	51.8
=	6.6833977

Bemerkungen: Eingetastete Zahlen werden in das *Anzeigeregister* (abgekürzt: AR oder X) gebracht und gleichzeitig im Sichtfenster des Rechners angezeigt. Für den Inhalt oder die Zahl des AR schreiben wir: (AR) = (X) = x. Betätigen wir nach der Zahleingabe eine Operationstaste $\boxed{+}$, $\boxed{-}$, $\boxed{x}$ oder $\boxed{÷}$, so wird die Zahl x in ein *Rechen-* oder *Ver-*

arbeitungsregister Y gebracht, d.h. es wird y = (Y) = x = (AR). Bringen wir durch Eintasten eine weitere Zahl in das AR, so wird nach Betätigen der Ergebnistaste *oder* einer
weiteren Operationstaste die jeweilige arithmetische Rechenoperation ausgeführt.

Beispiel: $7 - 6 + 5 - 4$		
Eingabe/Taste	Anzeige X	Y
7	*7*	*0*
$-$	*7.*	*7*
6	*6*	*7*
$+$	*1.*	*7*
5	*5*	*1*
$-$	*6.*	*1*
4	*4*	*6*
$=$	*2.*	*6*

Für die Differenz 38,4 − 21,5 können wir auch schreiben: 38,4 + (− 21,5). In diesem
Fall wird zu 38,4 die negative Zahl − 21,5 addiert.

> Eine negative Zahl wird eingegeben, indem nach der Eingabe
> des Betrages der Zahl die Taste $\boxed{+/-}$ betätigt wird.

Die Tastenfolge für die Berechnung von 38,4 + (− 21,5) sieht dann so aus:
38.4 $\boxed{+}$ 21.5 $\boxed{+/-}$ $\boxed{=}$ mit dem Ergebnis 16.9. Dagegen würde 38.4 $\boxed{+}$ $\boxed{+/-}$ 21.5 $\boxed{=}$
den falschen Wert 59.9 ergeben.

Für das Löschen von Zahlen gilt:

> Die Taste $\boxed{CLR}$ (Clear) löscht die Inhalte aller Rechenregister,
> $\boxed{CE}$ (Clear entry) löscht nur die unmittelbar eingetastete Zahl im AR.

Zahlendarstellungen

Berechnen wir mit dem Rechner das Produkt 8,16 · 2,435 = 19,8696, so hat sich der
Punkt bei dem Ergebnis seinen Platz in der Anzeige selbst gesucht. Wir nennen dieses die
Fließpunktdarstellung. Bei vielen Aufgaben wollen wir die Ergebnisse gar nicht auf so
viele Nachkommastellen genau haben, wie der Rechner uns sie ausweist. So ist es z.B.
ausreichend, in der Finanzmathematik die Ergebnisse auf 2 Nachkommastellen (auf
Pfennige genau, wenn in DM gerechnet wird) und in vielen technischen Rechnungen die
Längenangaben auf 3 Nachkommastellen (auf mm genau, wenn die Eingaben in m er-
folgen) zu kennen. Werden Zahlen innerhalb einer Rechnung stets auf eine Anzahl von
Nachkommastellen ausgegeben, so sprechen wir von einer *Festpunktdarstellung*.

> Mit $\boxed{\text{*Fix}}$ n werden die Rechenergebnisse mit fester Punktdarstellung
> auf n Nachkommastellen angegeben.

Wir werden im folgenden stets * für die Präfixtaste $\boxed{\text{2nd}}$ schreiben, also z.B. $\boxed{\text{*Fix}}$
statt ausführlich $\boxed{\text{2nd}}$ $\boxed{\overset{\text{Fix}}{(}}$.

Die nebenstehende Tabelle zeigt eine Rechnung mit 2 Nachkommastellen. Intern führt der Rechner alle Operationen mit der größeren Stellenzahl (der TI-57 bis zu 11 Stellen) aus. Wir können die Festpunktdarstellung durch |INV| (invers) |*Fix| aufheben. Dann werden alle Ziffern hinter dem Komma, die berechnet wurden, wieder sichtbar.

Der Rechner besitzt in der Fließpunktdarstellung eine 8-ziffrige Anzeige, d.h. wir können in der bisherigen Form unmittelbar nur Zahlen von .0000001 = 10^{-7} bis 99999999 = $9.9999999 \cdot 10^7$ eingeben. Kleinere oder größere Zahlen werden in der *Exponentialform* $m \cdot 10^b$ mit Hilfe der Taste |EE| (Enter Exponent) eingegeben.

Eingabe / Taste	Anzeige
*Fix	0.
2	0.00
3.4725	3.4725
x	3.47
12.106	12.106
=	42.04
INV	42.04
*Fix	42.038085

Eingabe von $23,4 \cdot 10^{-16}$

Eingabe / Taste	Anzeige
23.4	23.4
EE	23.4 00
16	23.4 16
+/−	23.4 -16

Eingabe von $0,752 \cdot 10^{34}$

Eingabe / Taste	Anzeige
.752	0.752
EE	0.752 00
34	0.752 34

Der Rechner schaltet selbständig auf die Exponentialform um, wenn sich bei Rechenoperationen Zahlen ergeben, die kleiner als 10^{-7} oder größer als $9,9999999 \cdot 10^7 \approx 10^8$ sind.

Der Rechner gibt übrigens beim Rechnen in der Exponentialdarstellung (man nennt sie auch: scientific notation) die Ergebnisse stets in der normierten Form mit $1 \leq m < 10$ an. Wir nennen dieses die *Gleitpunktdarstellung* einer Zahl mit der Mantisse m und dem Exponenten b.

Beispiel: $83,48 \cdot 10^5 + 6,01 \cdot 10^6 = \boxed{1.4358 \quad 07} = 1,4358 \cdot 10^7$.

1.2. Termberechnungen

Die TI-Taschenrechner rechnen nach dem Algebraischen Operations-System (AOS), einem Logiksystem mit Hierarchien[1]:

> Zahlen und Operationen werden eingegeben wie (von links nach rechts) geschrieben. Multiplikation und Division haben Vorrang vor Addition und Subtraktion (kurz: Punktrechnung geht vor Strichrechnung), wenn nicht durch Klammern eine andere Rangfolge festgelegt wird.

Der TI-57 kann bis zu 4 unvollständige Operationen verarbeiten, bei einer 5. blinkt er. Betrachten Sie hierzu die Beispiele:

a) z = 2 (3(4 + 5·6) + 1)   mit der Tastenfolge

2 |x| |(| 3 |x| |(| 4 |+| 5 |x| 6 |)| |+| 1 |)| |=|

---

[1] Über Logiksysteme informiert ausführlich: H. SCHUMNY: Taschenrechner Handbuch, Vieweg 1976.

und dem Ergebnis 206. Hier treten bei der Berechnung von z 4 unvollständige Operationen nach den Tasten $\boxed{\times}$, $\boxed{\times}$, $\boxed{+}$, $\boxed{\times}$ auf. Die Klammer nach der 6 schließt 2 unvollständige Operationen ab, in der Anzeige erscheint $34 = 4 + 5 \cdot 6$.

b) $z = 2\,(3\,(4 + 5\,(6 + 1)) + 8)$ mit der Tastenfolge

$$2\;\boxed{\times}\;\boxed{(}\;3\;\boxed{\times}\;\boxed{(}\;4\;\boxed{+}\;5\;\boxed{\times}\;\boxed{(}\;6\;\boxed{+}\;1\;\boxed{)}\;\boxed{)}\;\boxed{+}\;8\;\boxed{)}\;\boxed{=}$$

führt nach dem Betätigen der Taste $\boxed{+}$ nach der 6 zum Blinken. An dieser Stelle wird eine 5. unvollständige Operation eröffnet. Der TI-57 ist hier (im Gegensatz zu seinen ‚größeren‘ Geschwistern SR-56, SR-52 oder TI-58/59) überfordert. Der Benutzer muß dem Rechner hier das ‚Denken‘ etwas abnehmen und die Eingabe nicht schematisch von links nach rechts vornehmen, sondern z.B. in der Form

$$4\;\boxed{+}\;5\;\boxed{\times}\;\boxed{(}\;6\;\boxed{+}\;1\;\boxed{)}\;\boxed{=}\;\boxed{\times}\;3\;\boxed{+}\;8\;\boxed{=}\;\boxed{\times}\;2\;\boxed{=}$$

mit dem Ergebnis 250.

Die folgenden Beispiele sollen dem im manuellen Rechnen weniger geübten Leser zur Erläuterung dienen. Bei vielen Aufgaben führen unterschiedliche Tastenfolgen zum Ziel. Versuchen Sie selbst, weitere Varianten herauszufinden. Die Benutzung der Tasten $\boxed{x^2}$, $\boxed{1/x}$, $\boxed{\sqrt{x}}$ oder $\boxed{*|x|}$ dürfte keine Schwierigkeiten bereiten. Nach dem Betätigen einer dieser Tasten wird mit dem im AR stehenden Zahlenwert x die auf der Taste stehende Rechenoperation ausgeführt und der neue Zahlenwert x^2, $1/x$ oder $\sqrt{x}$ im AR angezeigt.

Übungen:

Aufgabe	Tastenfolge	Ergebnis
$3,4 + 2 \cdot 1,82$	$3.4\;\boxed{+}\;2\;\boxed{\times}\;1.82\;\boxed{=}$	7.04
$(3,4 + 2) \cdot 1,82$	$\boxed{(}\;3.4\;\boxed{+}\;2\;\boxed{)}\;\boxed{\times}\;1.82\;\boxed{=}$ oder: $3.4\;\boxed{+}\;2\;\boxed{=}\;\boxed{\times}\;1.82\;\boxed{=}$	9.828
$\dfrac{6,5 + 3 \cdot 1,4^2}{2,6}$	$6.5\;\boxed{+}\;3\;\boxed{\times}\;1.4\;\boxed{x^2}\;\boxed{=}\;\boxed{\div}\;2.6\;\boxed{=}$	4.7615385
$\dfrac{24,8}{4 \cdot 5{,}2^2 - \frac{1}{0,074}}$	$24.8\;\boxed{\div}\;\boxed{(}\;4\;\boxed{\times}\;5.2\;\boxed{x^2}\;\boxed{-}\;.074\;\boxed{1/x}\;\boxed{)}\;\boxed{=}$	0.2620277
$\dfrac{468 - 305}{2 \cdot (104 + 217)}$	$468\;\boxed{-}\;305\;\boxed{=}\;\boxed{\div}\;2\;\boxed{\div}\;\boxed{(}\;104\;\boxed{+}\;217\;\boxed{)}\;\boxed{=}$	0.2538941
$0,65 + \dfrac{\frac{0,86}{\sqrt{1,47 - 0,92}}}{0,0584}$	$.65\;\boxed{+}\;.86\;\boxed{\div}\;\boxed{(}\;1.47\;\boxed{-}\;.92\;\boxed{)}\;\boxed{\sqrt{x}}\;\boxed{=}\;\boxed{\div}\;.0584\;\boxed{=}$	30.986708
$\dfrac{43,7 - \frac{123,8}{8,04 + 2 \cdot 6,13}}{\left(18,3 + \frac{40,7}{3,6}\right)^2}$	$43.7\;\boxed{-}\;123.8\;\boxed{\div}\;\boxed{(}\;8.04\;\boxed{+}\;2\;\boxed{\times}\;6.13\;\boxed{)}\;\boxed{=}\;\boxed{\div}\;\boxed{(}\;18.3\;\boxed{+}\;40.7\;\boxed{\div}\;3.6\;\boxed{)}\;\boxed{x^2}\;\boxed{=}$	0.0429001
$\dfrac{2}{1 + \dfrac{3}{4 - \dfrac{6}{5 + \frac{7}{8}}}}$	$7\;\boxed{\div}\;8\;\boxed{+}\;5\;\boxed{=}\;\boxed{\div}\;6\;\boxed{=}\;\boxed{1/x}\;\boxed{+/-}\;\boxed{+}\;4\;\boxed{=}\;\boxed{\div}\;3\;\boxed{=}\;\boxed{1/x}\;\boxed{+}\;1\;\boxed{=}\;\boxed{\div}\;2\;\boxed{=}\;\boxed{1/x}$	0.9964413

Aufgabe	Tastenfolge	Ergebnis
$\dfrac{314{,}6 \cdot 10^{14} - 2{,}47 \cdot 10^{16}}{0{,}745 \cdot 10^{8} \cdot 1{,}602 \cdot 10^{-5}}$	314.6 |EE| 14 |−| 2.47 |EE| 16 |=| |÷| .745 |EE| 8 |÷| 1.602 |EE| 5 |+/−| |=|	*5.6640609 12*
$\left(\dfrac{5800347}{0{,}000156} + 672 \cdot 10^{8}\right)\dfrac{0{,}0706}{981050}$	5800347 |÷| .000156 |+| 672 |EE| 8 |=| |×| .0706 |÷| 981050 |=| |INV| |EE|	*7.5116955 03* *7511.6955*

1.3. Datenspeicher (Datenregister, Memories)

Bei der Berechnung der Zahl

$$z = 4\left(0{,}5 + \frac{3\pi}{4}\right) + \frac{3}{5 + \frac{1}{2}\left(0{,}5 + \frac{3\pi}{4}\right)} - 2\left(0{,}5 + \frac{3\pi}{4}\right)^2 + \frac{7}{0{,}5 + \frac{3\pi}{4}}$$

werden wir beachten, daß der Term $0{,}5 + \frac{3\pi}{4}$ an 4 verschiedenen Positionen steht. Es erscheint sinnvoll, die Berechnung aufzuteilen in

$$y = 0{,}5 + \frac{3\pi}{4} \quad \text{und} \quad z = 4y + \frac{3}{5 + \frac{1}{2}y} - 2y^2 + \frac{7}{y}.$$

Den Zahlenwert y können wir im Rechner in einem seiner 8 **Datenspeicher** (Memories) R_0, R_1, R_2, ..., R_7 aufbewahren und von dort jederzeit wieder zur Weiterverarbeitung in das AR zurückholen.

Wir führen folgende Abkürzungen (mit $n \in \mathbb{N}_{0,7}$) ein:

(R_n) : Inhalt des Datenspeichers R_n; also die in R_n gespeicherte Zahl.

$(AR) \rightarrow R_n$: Der Inhalt des AR wird in den Speicher R_n gebracht.

Die Speichertasten \|STO\| (Store), \|RCL\| (Recall), \|*Exc\| (Exchange) und \|INV\| \|*C.t\| besitzen die folgende Bedeutung:

\|STO\| n: $(AR) \rightarrow R_n \wedge (AR)$ bleibt im AR erhalten,

\|RCL\| n: $(R_n) \rightarrow AR \wedge (R_n)$ bleibt im R_n erhalten,

\|*Exc\| n: $(R_n) \rightarrow AR \wedge (AR) \rightarrow R_n$; kurz: $(R_n) \longleftrightarrow (AR)$,

\|INV\| \|*C.t\| : löscht die Inhalte aller R_n und aller Rechenregister.

Bemerkungen:

1. \|STO\|, \|RCL\|, \|*Exc\| dürfen *ohne* Adressierung durch eine einziffrige Zahl $n \in \mathbb{N}_{0,7}$ *nicht* benutzt werden (Blinken!).

2. Die Speichertasten dürfen in eine *unvollständige* Operation gesetzt werden. Zum Beispiel wird in der Tastenfolge 2 \|STO\| 5 \|+\| 3 \|=\| die Zahl 2 nach R_5 gespeichert und danach die Zahl 3 zu der im AR stehenden 2 addiert. Dieselbe Wirkung würde durch 2 \|+\| \|STO\| 5 3 \|=\| erreicht.

3. Durch $\boxed{INV}$ $\boxed{*C.t}$ [1] werden die Inhalte *aller* R_n durch 0 ersetzt. Soll nur der Inhalt *eines* Speichers, z.B. R_6, gelöscht werden, so erreichen wir dieses mit den Tasten 0 $\boxed{STO}$ 6. Bedenken Sie aber: $\boxed{INV}$ $\boxed{*C.t}$ löscht auch das AR und alle Rechenregister.

4. Treten in einer Rechnung 3 oder 4 unvollständige Operationen auf, so werden hierbei die Speicher R_6 *oder* R_6 **und** R_5 belegt. Diese Speicher dürfen dann nicht anderweitig verwendet werden. Sehen Sie sich hierzu noch einmal das Beispiel a) in 1.2. an, in dem 4 unvollständige Operationen auftreten. Nach Abschluß der Rechnung finden Sie in den Speichern R_5 und R_6 die folgenden Zahlenwerte: $(R_5) = 5$ und $(R_6) = 4$.

Beispiel: Berechnung der obigen Zahl z. Der Zwischenwert y soll nach R_0 gespeichert werden: $y \rightarrow R_0$.

Tastenfolge: $.5 \boxed{+} 3 \boxed{x} \boxed{*\pi} \boxed{\div} 4 \boxed{=} \boxed{STO} 0 \boxed{x} 4 \boxed{+} 3 \boxed{\div} \boxed{(} 5 \boxed{+}$
$\boxed{RCL} 0 \boxed{\div} 2 \boxed{)} \boxed{-} 2 \boxed{x} \boxed{RCL} 0 \boxed{x^2} \boxed{+} 7 \boxed{\div} \boxed{RCL} 0 \boxed{=}$

Ergebnis: $z = -1,9734014$.

Beispiel: Für einen geraden Kreiszylinder mit dem Durchmesser $d = 24,3$ cm und der Höhe $h = 18,6$ cm sollen berechnet werden:

die Mantelfläche $\quad A_M = \pi d h$;

die Oberfläche $\quad A = A_M + \dfrac{\pi}{2} d^2$;

das Volumen $\quad V = \dfrac{\pi}{4} d^2 h = \dfrac{1}{4} A_M d$.

Die Ergebnisse sollen in cm² bzw. cm³ auf eine Nachkommastelle genau angegeben werden.

Mit der Speicherfestlegung $d \rightarrow R_1$ und $A_M \rightarrow R_2$ sieht die Berechnung folgendermaßen aus:

Eingabe/Taste	Anzeige	Bemerkungen
$\boxed{*Fix}$	0.	(AR) auf eine
1	0.0	Nachkommastelle
$\boxed{*\pi}$	3.1	
$\boxed{x}$	3.1	π
24.3	24.3	Eingabe d
$\boxed{STO}$ 1	24.3	$d \rightarrow R_1$
$\boxed{x}$	76.3	πd
18.6	18.6	Eingabe h
$\boxed{=}$	1419.9	Ergebnis A_M
$\boxed{STO}$ 2	1419.9	$A_M \rightarrow R_2$
$\boxed{+}$	1419.9	A_M
$\boxed{*\pi}$	3.1	
$\boxed{\div}$	3.1	
2	2	

---

[1] Über die weitere Bedeutung dieser Löschtaste s. 3.2.

Eingabe/Taste	Anzeige	Bemerkungen
$\boxed{\times}$	*1.6*	$\dfrac{\pi}{2}$
$\boxed{\text{RCL}}$ 1	*24.3*	$(R_1) = d \to AR$
$\boxed{x^2}$	*590.5*	d^2
$\boxed{=}$	*2347.5*	Ergebnis A
$\boxed{\text{RCL}}$ 2	*1419.9*	$(R_2) = A_M \to AR$
$\boxed{\div}$	*1419.9*	A_M
4	*4*	
$\boxed{\times}$	*355.0*	$A_M/4$
$\boxed{\text{RCL}}$ 1	*24.3*	$(R_1) = d \to AR$
$\boxed{=}$	*8626.1*	Ergebnis V

Ergebnis: $A_M = 1419{,}9 \text{ cm}^2$; $A = 2347{,}5 \text{ cm}^2$; $V = 8626{,}1 \text{ cm}^3$.

Beispiel: Es soll die Quadratwurzel $x = \sqrt{a}$ (ohne Benutzung der Taste $\boxed{\sqrt{x}}$) berechnet werden.

Ist x_0 ein Näherungswert für x, so berechnen wir einen 2. Näherungswert x_1 nach der Vorschrift:

$$x_1 = \frac{1}{2}\left(x_0 + \frac{a}{x_0}\right)$$

Erläuterung des Verfahrens: Ist $x_0 > \sqrt{a}$, so ist $\dfrac{a}{x_0} < \sqrt{a}$.

Der arithmetische Mittelwert x_1 aus diesen Zahlen x_0 und $\dfrac{a}{x_0}$ (s. Darstellung auf der Zahlengeraden) wird daher im allgemeinen eine bessere Näherung für $\sqrt{a}$ sein als x_0. Entsprechendes gilt, wenn $x_0 < \sqrt{a}$ und damit $\dfrac{a}{x_0} > \sqrt{a}$ ist.

Den errechneten Wert x_1 machen wir zum neuen Ausgangswert x_0 und berechnen nach obiger Vorschrift den nächsten Näherungswert, d.h. wir wiederholen (iterieren) denselben Rechnungsgang mit einem neuen Zahlenwert. Rechenmethoden dieser Art, die in der numerischen Mathematik häufig benutzt werden, nennt man **Iterationsmethoden** oder **Iterationsverfahren**. Die Folge $x_1, x_2, x_3 \ldots$, die wir nach der obigen Iterationsvorschrift erhalten, konvergiert gegen den Grenzwert $x = \sqrt{a}$ [1].

---

[1] Beweise über Konvergenz von Folgen findet der Leser in den Lehrbüchern der Analysis.

Wir führen die Rechnung durch für $a = 6{,}5$ mit $x_0 = 2$ und iterieren so oft, bis eine gewünschte Genauigkeit erreicht ist.

Speicherplan: $a = 6{,}5 \rightarrow R_1$, $x_0 \rightarrow R_2$.

Tastenfolge: 6.5 $\boxed{\text{STO}}$ 1 2 $\boxed{\text{STO}}$ 2 $\boxed{+}$ $\boxed{\text{RCL}}$ 1 $\boxed{\div}$ $\boxed{\text{RCL}}$ 2 $\boxed{=}$ $\boxed{\div}$ 2 $\boxed{=}$

Ergebnis: $x_1 = 2{,}625$.

Bei der Berechnung der nächsten x-Werte brauchen wir die Speicherung von $a = 6{,}5$ nach R_1 nicht erneut vorzunehmen. Auch die Eingabe des nächsten Ausgangswertes (x_0) ist nicht erforderlich, dieser Wert steht bereits als Ergebnis der vorhergehenden Rechnung im AR. Mit der Tastenfolge

$\boxed{\text{STO}}$ 2 $\boxed{+}$ $\boxed{\text{RCL}}$ 1 $\boxed{\div}$ $\boxed{\text{RCL}}$ 2 $\boxed{=}$ $\boxed{\div}$ 2 $\boxed{=}$

erhalten wir insgesamt die Zahlenfolge

2; 2,625; 2,5505924; 2,5495100; 2,5495098; 2,5495098.

Ergebnis: $\sqrt{6{,}5} = 2{,}5495098$.

Für das Arbeiten mit Speichern bieten die folgenden Tasten oftmals Rechenerleichterungen:

$\boxed{\text{SUM}}$ n: $(R_n) + (AR) \rightarrow R_n$, d.h. der Inhalt des AR wird zum Inhalt des Speichers R_n addiert und in R_n gespeichert. (AR) bleibt im AR erhalten.

$\boxed{\text{INV}}$ $\boxed{\text{SUM}}$ n: $(R_n) - (AR) \rightarrow R_n$.

$\boxed{\text{*Prd}}$ n: $(R_n) \cdot (AR) \rightarrow R_n$.

$\boxed{\text{INV}}$ $\boxed{\text{*Prd}}$ n: $\dfrac{(R_n)}{(AR)} \rightarrow R_n$.

Beispiel: Für $x_1 = 4$, $x_2 = 5$, $x_3 = 6$ sollen $s_1 = x_1 + x_2 + x_3$, $s_2 = 2x_1 + 3x_2 + 4x_3$,

$p = x_1 x_2 x_3$, $a = s_1 s_2$ und $b = \dfrac{1}{p} + \dfrac{s_1}{s_2}$ berechnet werden.

Speicherplan: $s_1 \rightarrow R_1$, $s_2 \rightarrow R_2$, $p \rightarrow R_3$.

Eingabe / Taste	Anzeige	Bemerkungen
$\boxed{\text{INV}}$ $\boxed{\text{*C.t}}$	0	Löschen aller R_n
4	4	Eingabe $x_1 = 4$
$\boxed{\text{SUM}}$ 1	4.	$0 + 4 = 4 \rightarrow R_1$
$\boxed{\text{STO}}$ 3	4.	$4 \rightarrow R_3$
$\boxed{\times}$	4.	
2	2	
$\boxed{=}$	8.	$2 \cdot 4 = 8$

Eingabe/Taste	Anzeige	Bemerkungen
SUM 2	8.	$0 + 8 = 8 \rightarrow R_2$
5	5	Eingabe $x_2 = 5$
SUM 1	5.	$4 + 5 = 9 \rightarrow R_1$
*Prd 3	5.	$4 \cdot 5 = 20 \rightarrow R_3$
×	5.	
3	3	
=	15.	$3 \cdot 5 = 15$
SUM 2	15.	$8 + 15 = 23 \rightarrow R_2$
6	6	Eingabe $x_3 = 6$
SUM 1	6.	$9 + 6 = 15 \rightarrow R_1$
*Prd 3	6.	$20 \cdot 6 = 120 \rightarrow R_3$
×	6.	
4	4	
=	24.	$4 \cdot 6 = 24$
SUM 2	24.	$23 + 24 = 47 \rightarrow R_2$
RCL 1	15.	$(R_1) = s_1 = 15 \rightarrow AR$
×	15.	
RCL 2	47.	$(R_2) = s_2 = 47 \rightarrow AR$
=	705.	$s_1 \cdot s_2 = a$
RCL 3	120.	$(R_3) = p = 120 \rightarrow AR$
1/x	0.0083333	Reziprokwert von p
+	0.0083333	
RCL 1	15.	$s_1 \rightarrow AR$
÷	15.	
RCL 2	47.	$s_2 \rightarrow AR$
=	0.3274823	$\dfrac{1}{p} + \dfrac{s_1}{s_2} = b$

Ergebnis: $s_1 = 15$; $s_2 = 47$; $p = 120$; $a = 705$; $b = 0{,}3274823$.

1.4. Funktionstasten

Den Gebrauch der verschiedenen Funktionstasten wollen wir an einigen Beispielen
erläutern.

| y^x und INV y^x | Zulässig für $y \geqq 0$. Mit INV y^x wird $\sqrt[x]{y} = y^{1/x}$ berechnet. Für $y < 0$ wird der Wert $|y|^x$ oder $\sqrt[x]{|y|}$ durch Blinken angezeigt. |

Einfache Berechnungen:

Berechnet werden soll	Eingabe	Taste	Eingabe	Taste	Ergebnis
2^3	2	y^x	3	=	*8*
$\sqrt[5]{32}$	32	INV y^x	5	=	*2*
$32^{1/5} = 32^{0,2}$	32	y^x	.2	=	*2*
$2{,}84^{-0,74}$	2.84	y^x	- .74	=	*0,4618962*
$\sqrt[3,8]{0{,}0614}$	.0614	INV y^x	3.8	=	*0,4798405*

Zur Berechnung von $\sqrt[x]{y} = y^{1/x}$ kann selbstverständlich auch die Tastenfolge
y y^x x $1/x$ = benutzt werden.

Für *zusammengesetzte Berechnungen* gilt die Ergänzung zur Hierarchieregel (s. 1.1):

> Die Berechnung von Potenzen y^x oder $\sqrt[x]{y}$ hat Vorrang vor den Grundrechenarten
> (kurz: Potenzrechnung geht vor Punktrechnung, diese vor Strichrechnung).

Zum Beispiel wird $1 + 4 \cdot 2^3$ mit der

Tastenfolge: 1 + 4 x 2 y^x 3 =

oder: 2 y^x 3 x 4 + 1 =

berechnet. Dagegen wird mit

2 y^x (3 x 4 + 1) =

der Zahlenwert $2^{3 \cdot 4 + 1} = 2^{13} = 8192$ berechnet. Oder mit

(1 + 4 x 2) y^x 3 =

der Zahlenwert $9^3 = 729$.

Bei den folgenden Beispielen sollten Sie sich vor jedem Betätigen einer Taste genau überlegen, was der Rechner danach ausführen wird.

Beispiel: $\dfrac{3 \cdot 6{,}47^{0,84} + 1{,}31^{\frac{42}{29}}}{\sqrt[5]{76{,}5}}$

Tastenfolge: 3 $\boxed{\times}$ 6.47 $\boxed{y^x}$ .84 $\boxed{+}$ 1.31 $\boxed{y^x}$ $\boxed{(}$ 42 $\boxed{\div}$ 29 $\boxed{)}$ $\boxed{=}$ $\boxed{\div}$ 76.5
$\boxed{\text{INV}}$ $\boxed{y^x}$ 5 $\boxed{=}$

Ergebnis: 6,6681444.

Beispiel: $$\dfrac{\sqrt[7]{1 + 1{,}6^2} - \left(\dfrac{0{,}86}{1{,}21}\right)^{-2{,}07}}{6 \cdot 0{,}98^{0{,}75}}$$

Tastenfolge: 1 $\boxed{+}$ 1.6 $\boxed{x^2}$ $\boxed{=}$ $\boxed{y^x}$ 7 $\boxed{1/x}$ $\boxed{-}$ $\boxed{(}$ .86 $\boxed{\div}$ 1.21 $\boxed{)}$ $\boxed{y^x}$ 2.07
$\boxed{+/-}$ $\boxed{=}$ $\boxed{\div}$ 6 $\boxed{\div}$ .98 $\boxed{y^x}$ .75 $\boxed{=}$

Ergebnis: $- 0{,}1402050.$

$\boxed{\ln x}$ $\boxed{^*\log}$ $\log x = \lg x = \log_{10} x$ und $\ln x = \log_e x$ sind definiert
für $x > 0$. Für $x < 0$ wird $\log |x|$ oder $\ln |x|$ berechnet
und durch Blinken angezeigt. e^x wird mit $\boxed{\text{INV}}$ $\boxed{\ln x}$,
10^x mit $\boxed{\text{INV}}$ $\boxed{^*\log}$ berechnet.

Beispiel: $$\dfrac{\ln (3 + \sqrt{5}) \cdot 10^{0{,}72}}{e^{-\frac{3{,}28}{2{,}64}}}$$

Tastenfolge: 3 $\boxed{+}$ 5 $\boxed{\sqrt{x}}$ $\boxed{=}$ $\boxed{\ln x}$ $\boxed{\times}$ .72 $\boxed{\text{INV}}$ $\boxed{^*\log}$ $\boxed{\div}$ $\boxed{(}$ 3.28 $\boxed{\div}$
2.64 $\boxed{)}$ $\boxed{+/-}$ $\boxed{\text{INV}}$ $\boxed{\ln x}$ $\boxed{=}$

Ergebnis: 30,097177.

Beispiel: $$\dfrac{\sqrt{(\ln 1{,}84)^2 + 3}}{4 \cdot \ln (1{,}3 + e^{1{,}5})^2}$$

Tastenfolge: 1.84 $\boxed{\ln x}$ $\boxed{x^2}$ $\boxed{+}$ 3 $\boxed{=}$ $\boxed{\sqrt{x}}$ $\boxed{\div}$ 4 $\boxed{\div}$ $\boxed{(}$ 1.3 $\boxed{+}$ 1.5
$\boxed{\text{INV}}$ $\boxed{\ln x}$ $\boxed{)}$ $\boxed{x^2}$ $\boxed{\ln x}$ $\boxed{=}$

Ergebnis: 0,1308097.

$\boxed{^*\sin}$ $\boxed{^*\cos}$ $\boxed{^*\tan}$ Für den im AR angezeigten Winkel erhalten wir den Wert
der jeweiligen trigonometrischen Funktion.

Einen Winkel können wir in einem der drei Winkelmaße eingeben:

Gradmaß   (Taste $\boxed{^*\text{Deg}}$ (Degree) betätigen),

neues Gradmaß   (Taste $\boxed{^*\text{Grad}}$ (Gon) betätigen),

Bogenmaß   (Taste $\boxed{^*\text{Rad}}$ (Radiant) betätigen).

Wird der Rechner eingeschaltet, so wird der Winkel immer im (alten) Gradmaß gelesen.

Es gilt: $360° = 400^g = 2\pi$ (rad).

Es ist vielfach üblich, bei der Angabe eines Winkels im Bogenmaß rad wegzulassen, also
z.B. $180° = \pi$ zu schreiben. Wir werden in diesem Buch ebenfalls den Winkel im Bogenmaß
ohne rad angeben.

Ermittlung der Hauptwerte der Arcusfunktionen:

zulässige Variable $x = (AR)$	Funktion y	Tasten	Gradmaß $\boxed{\cdot Deg}$	neues Gradmaß $\boxed{\cdot Grad}$	Bogenmaß $\boxed{\cdot RAD}$
$\lvert x\rvert \leqq 1$	arc sin x	$\boxed{INV}$ $\boxed{\cdot sin}$	$-90° \leqq y \leqq 90°$	$-100^9 \leqq y \leqq 100^9$	$-\dfrac{\pi}{2} \leq y \leq \dfrac{\pi}{2}$
$\lvert x\rvert \leqq 1$	arc cos x	$\boxed{INV}$ $\boxed{\cdot cos}$	$0° \leqq y \leq 180°$	$0^9 \leqq y \leq 200^9$	$0 \leqq y \leq \pi$
$\lvert x\rvert < 10^{10}$	arc tan x	$\boxed{INV}$ $\boxed{\cdot tan}$	$-90°(\leqq) y (\leqq) 90°$	$-100^9 (\leqq) y (\leqq) 100^9$	$-\dfrac{\pi}{2} (\leq) y (\leq) \dfrac{\pi}{2}$

Die häufiger auftretenden Umrechnungen vom Grad- auf das Bogenmaß und umgekehrt
sind in der folgenden Tabelle zusammengestellt. (Auf den Hauptwert achten!)

Im (AR) steht der Winkel im	Tastenfolge	Im (AR) erscheint der Winkel im
Gradmaß	$\boxed{\times}$ $\boxed{\cdot\pi}$ $\boxed{\div}$ 180 $\boxed{=}$ oder: $\boxed{\cdot sin}$ $\boxed{\cdot Rad}$ $\boxed{INV}$ $\boxed{\cdot sin}$	Bogenmaß
Bogenmaß	$\boxed{\times}$ 180 $\boxed{\div}$ $\boxed{\cdot\pi}$ $\boxed{=}$ oder: $\boxed{\cdot sin}$ $\boxed{\cdot Deg}$ $\boxed{INV}$ $\boxed{\cdot sin}$	Gradmaß

Beispiel:
$$\frac{\sin 25,6° + 2 \cdot \cos \dfrac{81,6°}{1,2}}{\sqrt{1 + 3 \cdot \tan^2 18,7°}}$$

Tastenfolge: $\boxed{\cdot Deg}$ 25.6 $\boxed{\cdot sin}$ $\boxed{+}$ 2 $\boxed{\times}$ $\boxed{(}$ 81.6 $\boxed{\div}$ 1.2 $\boxed{)}$ $\boxed{\cdot cos}$ $\boxed{=}$ $\boxed{\div}$
$\boxed{(}$ 1 $\boxed{+}$ 3 $\boxed{\times}$ 18.7 $\boxed{\cdot tan}$ $\boxed{x^2}$ $\boxed{)}$ $\boxed{\sqrt{x}}$ $\boxed{=}$

Ergebnis: 1,0190775.

Beispiel: $4 \cdot \text{arc sin} \dfrac{\sqrt{1 + 0,25^2}}{2} - \text{arc tan} \dfrac{5}{12}$ (Berechnung in Grad- und Bogenmaß
auf 2 Nachkommastellen).

Tastenfolge: $\boxed{\cdot Deg}$ $\boxed{\cdot Fix}$ 2 1 $\boxed{+}$ $.25$ $\boxed{x^2}$ $\boxed{=}$ $\boxed{\sqrt{x}}$ $\boxed{\div}$ 2 $\boxed{=}$ $\boxed{INV}$ $\boxed{\cdot sin}$
$\boxed{\times}$ 4 $\boxed{-}$ $\boxed{(}$ 5 $\boxed{\div}$ 12 $\boxed{)}$ $\boxed{INV}$ $\boxed{\cdot tan}$ $\boxed{=}$ $\boxed{\times}$ $\boxed{\cdot\pi}$ $\boxed{\div}$ 180 $\boxed{=}$

Ergebnis: $101,47° = 1,77$.

1.5. Übungsaufgaben

Notieren Sie die vollständige Tastenfolge für die jeweilige Aufgabe, bevor Sie mit dem Eintasten in den Rechner beginnen.

1.1. Berechnen Sie

a) $\dfrac{768 + 3 \cdot \sqrt{1025}}{2 \cdot (7,8 + 5 \cdot 3,1)^2}$

b) $\dfrac{25,8 - \dfrac{18,7}{1,02 - 0,34}}{(2,1 + 6,8) \cdot \sqrt{0,746 + 0,132}}$

c) $\dfrac{6 \cdot 1,34^{1,72} + 5 \cdot \sqrt[4]{20,63}}{0,65^{7,21 + 5,43}}$

d) $\dfrac{4 \cdot \sqrt[5]{2,38} + 1,41^{3,68} + 1}{(4,08^2 \cdot 0,81 + \sqrt{18,3})^2 + 2}$

e) $10^{14,9} \cdot \ln \dfrac{0,41}{8023}$

f) $\dfrac{\ln (1 + \sin 4,68°)}{\cos \left(1,42 \cdot \ln \dfrac{2}{1,65}\right)}$

g) $\ln (14,2 - 2,5 \cdot 8,4^{1/3}) + 2 \cdot e^{-\sqrt{0,876}}$

h) $\dfrac{1}{2} \left(\arcsin \dfrac{4}{4,3 + \sqrt{12,6}} + 3 \cdot \arccos e^{-\frac{268}{308}} \right)$

1.2. Welchen Zahlenwert zeigt der Rechner in den Tastenfolgen a), b) und c) nach Betätigen der letzten $\boxed{=}$-Taste an? Überprüfen Sie das von Ihnen vorausgesagte Ergebnis mit dem Rechner.

a) $2\ \boxed{+}\ 3\ \boxed{\times}\ 16\ \boxed{\sqrt{x}}\ \boxed{-}\ 8\ \boxed{\div}\ 2\ \boxed{=}\ \boxed{\div}\ \boxed{(}\ 4\ \boxed{x^2}\ \boxed{+}\ 3\ \boxed{x^2}\ \boxed{)}\ \boxed{\sqrt{x}}\ \boxed{=}$

b) $\boxed{(}\ 4\ \boxed{+}\ 2\ \boxed{)}\ \boxed{\div}\ 3\ \boxed{=}\ \boxed{STO}\ 7\ \ 13\ \boxed{-}\ \boxed{RCL}\ 7\ \boxed{y^x}\ 3\ \boxed{=}\ \boxed{STO}\ 8\ \boxed{-}$

$6\ \boxed{+}\ \boxed{RCL}\ 7\ \boxed{\times}\ \boxed{RCL}\ 8\ \boxed{=}$

c) $4\ \boxed{\times}\ 20\ \boxed{+}\ 1\ \boxed{=}\ \boxed{INV}\ \boxed{y^x}\ 4\ \boxed{y^x}\ 2\ \boxed{+/-}\ \boxed{\times}\ 18\ \boxed{+}\ 1\ \boxed{=}\ \boxed{y^x}\ 1\ \boxed{+/-}\ \boxed{+}$

$2\ \boxed{\div}\ 3\ \boxed{=}$

1.3. Berechnen Sie für $z_1 = 8$, $z_2 = 4$, $z_3 = 2$

$$s_1 = z_1 - z_2 + z_3; \quad s_2 = z_1^2 + z_2^2 + z_3^2; \quad p = z_1^2\, z_2^2\, z_3^2; \quad q = (z_1/z_2)/z_3; \quad r = s_1 s_2 q \sqrt[6]{p}\,.$$

Tasten Sie bei dieser Aufgabe jeden der z-Werte nur einmal ein.

1.4. Berechnen Sie für einen geraden Kreiskegel mit dem Durchmesser $d = 18,4$ dm und der Höhe $h = 12,3$ dm

die Mantelfläche $\qquad A_M = \dfrac{\pi}{2}\, ds = \dfrac{\pi}{2}\, d \sqrt{\left(\dfrac{d}{2}\right)^2 + h^2}\,;$

die Oberfläche $\qquad A = \dfrac{\pi}{4}\, d^2 + A_M\,;$

das Volumen $\qquad V = \dfrac{\pi}{12}\, d^2 h\,.$

Geben Sie A_M und A in dm^2 und V in dm^3 auf eine Nachkommastelle an.

2. Programmaufbau und Programmherstellung

2.1. Ein einfaches Programm entsteht

Für ein Quadrat mit zwei angesetzten
Halbkreisen (Bild 2.1.1) berechnen
wir den Flächeninhalt

$$A = \left(1 + \frac{\pi}{4} \right) d^2$$

für $d = 2$ cm mit der Tastenfolge

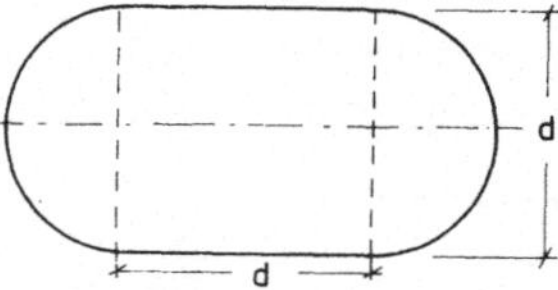
Bild 2.1.1

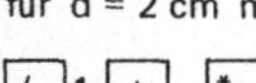 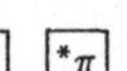  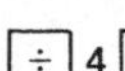 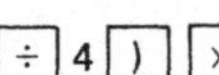 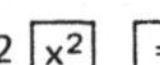

Soll der Flächeninhalt A für mehrere (z.B. für 8) verschiedene Durchmesser d ausgerechnet werden, so könnten wir jedesmal die obigen Tasten mit dem jeweiligen Wert von d betätigen. Wir hätten dann (abgesehen von der Eingabe von d) $8 \cdot 10 = 80$ Tasten in immer wieder derselben Reihenfolge zu drücken. Diese Arbeit der achtmaligen (oder noch öfteren) Wiederholung nimmt uns der programmierbare Rechner ab. Wir können dabei die obige Tastenfolge bis auf wenige zusätzliche ,Anweisungen' bereits als ,Programm' benutzen, das wir dem Rechner nur *einmal* einzugeben brauchen, um dann mit wenigen Tasten für einen Wert von d den Flächeninhalt A auszurechnen.

Unter einer **Anweisung** (Befehl) wollen wir jede Vorschrift verstehen, die wir dem Rechner durch Tastendruck mitteilen können. Zum Beispiel würde die Anweisung

$\boxed{x^2}$ bewirken: Quadriere den im AR stehenden Zahlenwert,

oder $\boxed{\text{RCL}}$ 3:   Bringe den im Speicher R_3 stehenden Zahlenwert in das Anzeigeregister, kurz: $(R_3) \rightarrow AR$,

oder $\boxed{\text{INV}}$ $\boxed{\text{*C.t}}$:   Lösche alle 8 Datenspeicher und alle Rechenregister.

| Eine Folge von Anweisungen bezeichnen wir als Programm.

Daß dabei diese Folge auch eine sinnvolle Folge sein soll, versteht sich eigentlich von selbst.

So würde z.B.

$\boxed{\text{RCL}}$ $\boxed{+}$ 3 $\boxed{\text{*Fix}}$ 4 $\boxed{\div}$ $\boxed{=}$

keine sinnvolle (wir würden sagen: keine zulässige) Tastenfolge sein. Probieren Sie selbst, was Ihnen der Rechner als Antwort auf diese Tastenfolge gibt! Überlegen Sie, was nicht zulässig ist.

Der wesentliche Unterschied zwischen einem nicht-programmierbaren und einem programmierbaren Rechner besteht darin, daß dieser nicht nur Daten (Zahlen) speichern kann, wie wir in 1.3 gesehen haben, sondern auch Anweisungen wie $\boxed{\text{STO}}$ 3, $\boxed{+}$, $\boxed{\text{SUM}}$ 5 usw. Der programmierbare Rechner führt diese gespeicherten Anweisungen später selbständig in der Reihenfolge der eingegebenen Speicherung aus.

Geben Sie für unser obiges Beispiel dem Rechner diese Tastenfolge ein:

$\boxed{\text{LRN}}$ 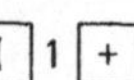   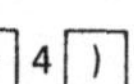 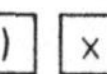 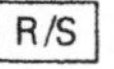    $\boxed{\text{R/S}}$ $\boxed{x^2}$ $\boxed{=}$ $\boxed{\text{R/S}}$ $\boxed{\text{RST}}$ $\boxed{\text{LRN}}$ $\boxed{\text{RST}}$

Betätigen Sie jetzt $\boxed{R/S}$ 2 $\boxed{R/S}$, so erscheint im AR der Wert A = 7,1415927
für d = 2. Oder mit $\boxed{R/S}$ 3 $\boxed{R/S}$: A = 16,068583 für d = 3.

Wir haben ein einfaches Programm zur Berechnung des Flächeninhalts A für verschiedene Durchmesser d benutzt, ohne genau zu wissen, was die oben benutzten Tasten $\boxed{LRN}$, $\boxed{R/S}$, $\boxed{RST}$ im einzelnen bewirken. Warum diese Tasten in dem Programm in der angegebenen Art zu betätigen sind, soll in den folgenden Abschnitten erklärt werden.

2.2. Die Eingabe eines Programms

Bisher haben wir den Rechner immer benutzt, um unmittelbar mit ihm zu rechnen. Wir sagen auch: Der Rechner arbeitet in der Betriebsart **RECHNEN**. Daneben gibt es die Betriebsart **LEARN**, in der dem Rechner Programme eingegeben werden können. Die einzelnen Anweisungen werden in den 50 Programmspeichern, die von 00 bis 49 durchnumeriert sind, in verschlüsselter Form in der Reihenfolge der Eingabe gespeichert.

In diese Betriebsart LEARN schalten wir den TI-57 aus der Betriebsart RECHNEN mit der Taste $\boxed{LRN}$. Nach dem Einschalten und Betätigen dieser Taste erscheint im Sichtfenster des Rechners:

$$\boxed{00\ 00}$$

Die ersten beiden Ziffern geben die **Programmspeicherstelle** (abgekürzt: PSS) oder **Befehlsadreßregisterstelle** (BARS) an, die letzten beiden Ziffern dienen zur numerischen Festlegung der einzelnen Tasten. So besitzt z.B. $\boxed{x^2}$ als Taste in der 2. Zeile und 3. Spalte auf dem Tastenfeld des Rechners den Tastenkode 23 oder die Taste $\boxed{*Exc}$ den Kode 38. Die Anzeige $\boxed{\quad 36\ 24 \quad}$ z.B. würde bedeuten, daß in diesem Programm in der Befehlsadreßregisterstelle 36 die Anweisung $\boxed{\sqrt{x}}$ (Tastenkode 24) gespeichert ist. Im Anhang (7.1.) finden Sie für die Tasten, die in diesem Buch benutzt werden, den Tastenkode angegeben.

Die in 2.1. angegebene Tastenfolge beginnt in der Betriebsart LEARN folgendermaßen:

PSS	Kode	Taste
00	43	(
01	01	1
02	75	+
03	30	*π
04	45	÷
	usw.	

Bei einigen Tasten erscheint in der Betriebsart LEARN eine 5-ziffrige Anzeige. Würden wir z.B. in der PSS 16 die Tasten $\boxed{SUM}$ 5 betätigen, so würde in dieser PSS folgende Anzeige erscheinen: $\boxed{\quad 16\ 34\ 5 \quad}$. Oder $\boxed{INV}$ $\boxed{SUM}$ 5 würde durch $\boxed{\quad 16\ -34\ 5 \quad}$ angezeigt. Hier sind in *einer* PSS 3 Tastendrücke untergebracht. Man nennt dieses auch eine Programmzeile.

Beim Aufschreiben eines Programms werden wir später die Durchnumerierung der Programmspeicherstellen und daneben die zu betätigende Taste (ab jetzt ohne Tastenumrandung) schreiben. Die Kenntnis der PSS oder BARS kann bei einigen Aufgaben von Wichtigkeit sein. Den Tastenkode werden wir später nicht mitschreiben; er wird nur zur Überprüfung eines gespeicherten Programms von Bedeutung sein (s. 2.5.).

Nach der Eingabe eines Programms schalten wir den Rechner aus der Betriebsart LEARN mit der Taste $\boxed{LRN}$ zurück in die Betriebsart RECHNEN. Merken wir uns:

Die Taste $\boxed{LRN}$ schaltet den Rechner aus der Betriebsart RECHNEN in die Betriebsart LEARN und umgekehrt.

Das Befehlsadreßregister (BAR) wird beim Umschalten von einer in die andere Betriebsart an *der* Programmspeicherstelle stehenbleiben, die es in der Betriebsart LEARN zuletzt innehatte. Wird in unserem Beispiel an der PSS 04 die Taste ÷ betätigt, so erscheint

$\boxed{\quad\quad 05\ 00\quad}$. Diese Speicherstelle erscheint wieder nach zweimaligem Betätigen von LRN .

Bei der Durchführung eines Programms — wir sprechen dann von der Betriebsart **RUN** — soll der Ablauf eines Programms meistens mit *der* Anweisung beginnen, die im Befehlsadreßregister in der Speicherstelle 00 steht.

> Mit RST (Reset) wird das Befehlsadreßregister auf die Speicherstelle 00 zurückgestellt. RST kann sowohl als Anweisung in einem Programm als auch manuell in der Betriebsart RECHNEN benutzt werden.

Die Taste RST werden wir ebenfalls betätigen, wenn wir zur Eingabe eines Programms mit LRN in die Betriebsart LEARN schalten und nicht ganz sicher sind, ob infolge vorhergehender Benutzung des Rechners das BAR bereits auf 00 steht. Bei einem gerade erst eingeschalteten Rechner ist natürlich diese Taste nicht erforderlich.

Fassen wir zusammen:

> **Eingabe des Programms:**
> 1. Den Rechner mit den Tasten RST LRN auf die Programmspeicherstelle 00 in der Betriebsart LEARN schalten.
> 2. Vollständiges Programm eintasten.
> 3. Mit LRN in die Betriebsart RECHNEN schalten.
> 4. Mit RST das Befehlsadreßregister auf 00 stellen.

Bei allen späteren Beispielen in diesem Buch wird vorausgesetzt, daß das Programm in dieser Weise eingegeben wird. Besonders der Abschluß mit RST ist wichtig.

Beim TI-57 darf das Programm aus maximal 50 Programmschritten bestehen. Beim Eingeben eines Programms schaltet der Rechner nach der 50. Programmspeicherstelle automatisch in die Betriebsart RECHNEN.

2.3. Das Starten und Anhalten eines Programms

Wie wir ein Programm in den Rechner eingeben, haben wir soeben gelernt. Was aber haben wir zu tun, damit der Rechner mit der Rechnung beginnt und an den erforderlichen Stellen zur Eingabe gegebener Werte oder zur Anzeige gesuchter Werte anhält? Hier gilt:

> Mit der Anweisung R/S (Run Stop) wird ein laufendes Programm zum Anhalten gebracht. Der Rechner setzt seine Tätigkeit fort, wenn die Taste R/S manuell betätigt wird.

Sehen wir uns das Programm zur Berechnung des Flächeninhalts $A = \left(1 + \dfrac{\pi}{4}\right) d^2$, das wir bereits in 2.1. angegeben haben (dort ohne Erläuterungen), noch einmal an. Nebenstehend haben wir es in der üblichen Form mit Angabe der Programmspeicherstellen geschrieben. In die PSS 08 wird die Anweisung R/S gesetzt, um d manuell einzugeben. Danach wird das Programm manuell mit der Taste R/S wieder gestartet, der Rechner führt dann die Anweisung x^2 der PSS 09 aus. Nach dem Gleichheitszeichen wird erneut gestoppt, damit der errechnete Wert A im AR abgelesen werden kann. Nach dem manuellen Start mit R/S findet der Rechner in der PSS 12 die Anweisung RST . Damit wird das BAR auf die Speicherstelle 00 gestellt, der Rechenablauf kann wieder neu beginnen.

PSS	Taste
00	(
01	1
02	+
03	*π
04	÷
05	4
06	)
07	×
08	R/S
09	x^2
10	=
11	R/S
12	RST

Hätten wir die letzte Anweisung RST *nicht* in das Programm heineingenommen, so würde der Rechner in der PSS 12 keine Anweisung vorfinden, d.h. in diesem Programmschritt wird nichts von ihm verlangt. Der Rechner geht dann zur PSS 13 über, in der wieder keine Anweisung steht, auch in der PSS 14 nicht usw., bis hin zur PSS 49. Hier gibt der Rechner die Suche nach weiterer Beschäftigung auf und signalisiert Unzufriedenheit. Probieren Sie selbst einmal das Programm ohne diese letzte Anweisung RST . Oder sollte Ihr Rechner mit seiner Untätigkeit doch zufrieden sein? Dann hat Ihr Rechner in den Speicherstellen 12 bis 99 wohl noch Reste eines alten Programms vorgefunden und verarbeitet.

Tasten Sie jetzt das obige Programm nach der Eingabevorschrift (s. 2.2.) in den Rechner ein. Überprüfen Sie mit diesem Programm die nebenstehende Tabelle für gegebene Durchmesser d und berechnete Flächeninhalte A. Mit *Fix 4 haben wir die Anzeige für A auf 4 Nachkommastellen eingestellt.

d in cm	A in cm^2
2	*7,1416*
2,83	*14,2991*
4,15	*30,7490*
9,32	*155,0840*
12,80	*292,5196*
1,43	*3,6510*
0,82	*1,2005*
0,05	*0,0045*

Im folgenden geben wir noch weitere Varianten für ein Programm zur Berechnung des Flächeninhalts. Die letzten beiden Programme benutzen die Darstellung $A = d^2 \left(1 + \dfrac{\pi}{4}\right)$.

In allen drei Fällen kommen wir mit *einer* R/S -Anweisung aus. Überlegen Sie, was vom Rechner bei der Durchführung der Programme gemacht wird und was bei der 1. und den weiteren Eingaben von d vom Benutzer auszuführen ist.

PSS	Taste	Taste	Taste
00	(	R/S	x^2
01	1	x^2	×
02	+	×	(
03	*π	(	1
04	÷	1	+
05	4	+	*π
06	)	*π	÷
07	=	÷	4
08	R/S	4	)
09	x^2	)	=
10	×	=	R/S
11	RST	RST	RST

Zur Übung bringen wir noch ein weiteres einfaches

Beispiel: Berechnung von Summenwerten

$$s_m = \sum_{k=1}^{m} k^2 = 1^2 + 2^2 + 3^2 + \ldots + (m-1)^2 + m^2 \quad \text{für} \quad m \in \mathbb{N}_n \,.$$

Wir berechnen die Summe der ersten m Quadratzahlen nach der Formel

$$s_m = s_{m-1} + m^2 \quad \text{mit} \quad m \in \mathbb{N}_n \quad \text{und} \quad s_0 = 0 \,.$$

Wir können auch sagen:

neuer Summenwert = alter Summenwert + nächstes Glied der Reihe.

Hierfür wollen wir die aus dem ALGOL 60 (einer Programmiersprache für elektronische Rechenanlagen) bekannte Schreibweise

$$s := s + m^2$$

benutzen. (Mit dem in der Mathematik üblichen Gleichheitszeichen ist dagegen $s = s + m^2$ sinnlos.) Das Symbol $:=$ lesen wir ,ergibt sich aus' oder ,wird ersetzt durch' und nennen es die **Ergibtanweisung.**

Steht z.B. der alte s-Wert (s_{m-1}) im Speicher R_2 und der Wert m in R_1, so lautet für $s := s + m^2$ (wenn der neue s-Wert (s_m) zum Schluß in R_2 und im AR stehen soll) die Tastenfolge:

$\boxed{\text{RCL}}$ 1 $\boxed{x^2}$ $\boxed{\text{SUM}}$ 2 $\boxed{\text{RCL}}$ 2

oder auch: $\boxed{\text{RCL}}$ 2 $\boxed{+}$ $\boxed{\text{RCL}}$ 1 $\boxed{x^2}$ $\boxed{=}$ $\boxed{\text{STO}}$ 2 (umständlicher!).

Das Programm zur Berechnung der Summenwerte schreiben wir jetzt folgendermaßen:

PSS	Taste	Bemerkungen
00	1	} $m := m + 1 \to R_1$
01	SUM 1	
02	RCL 1	$m = (R_1) \to AR$
03	x^2	m^2
04	SUM 2	$s := s + m^2 \to R_2$
05	RCL 2	$s = (R_2) \to AR$
06	R/S	
07	RST	Sprung auf PSS 00

Vor der Benutzung dieses Programms löschen wir mit $\boxed{\text{INV}}$ $\boxed{\text{*C.t}}$ vorsorglich alle Datenspeicher. Die Zahlenrechnung (für n = 12) ergibt:

m	1	2	3	4	5	6	7	8	9	10	11	12
s_m	1	5	14	30	55	91	140	204	285	385	506	650

(Wenn Sie übrigens s_n berechnen wollen, ohne vorher $s_1, s_2, \ldots, s_{n-1}$ zu ermitteln,

dann benutzen Sie die Summenformel $s_n = \dfrac{n(n+1)(2n+1)}{6}$.)

2.4. Die unbedingte Sprunganweisung $\boxed{\text{GTO}}$

Von einem Dreieck sind zwei Winkel
$\alpha = 47{,}5°$ und $\beta = 62{,}8°$ gegeben.

Für die Seite

a = 13,5; 18,2; 21,4; 27,8; 32,0 cm

sind die Seiten b und c, der Flächeninhalt A und der Umfang U zu berechnen.

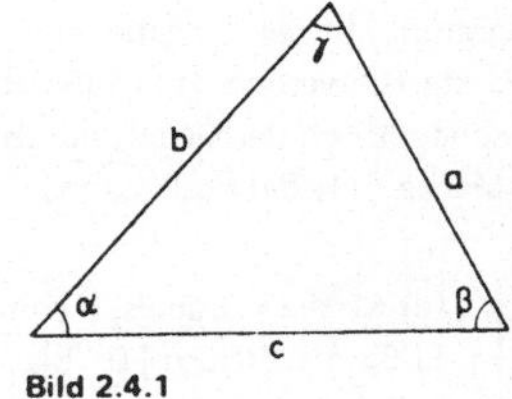

Bild 2.4.1

Es gilt:

$\gamma = 180° - (\alpha + \beta)$ (Winkelsumme im Dreieck = 180°),

$$\frac{a}{\sin\alpha} = \frac{b}{\sin\beta} = \frac{c}{\sin\gamma}$$ (Sinussatz der ebenen Trigonometrie),

$$A = \frac{1}{2} c\, h_c = \frac{ac}{2} \sin\beta \quad \text{und} \quad U = a + b + c.$$

Den Sinussatz schreiben wir:

$$b = q \sin\beta \quad \text{und} \quad c = q \sin\gamma \quad \text{mit} \quad q = \frac{a}{\sin\alpha}.$$

In einem Speicherplan (Registerplan) legen wir zunächst fest,
in welche Speicher wir die für die weitere Rechnung benötigten
Werte $\alpha, \beta, \gamma, a, b, c, q$ bringen werden (s. nebenstehende
Tabelle).

Danach stellen wir uns den Eingabe-, Rechen-, Speicher- und
Ausgabeablauf schematisch durch ein **Flußdiagramm** oder
einen **Programmablaufplan** dar. Dabei verwenden wir die
folgenden Symbole:

    ○   für Labels, Marken, Kennzeichen,

    ▱   für Eingabe oder Ausgabe,

    ▭   für Start oder Stop,

    ▭   für Berechnungen oder Speicheranweisungen.

Das *Flußdiagramm* für unsere obige Aufgabe kann
(in sehr ausführlicher Form) wie nebenstehend
abgebildet aussehen.

Die Stop-Anweisungen unterbrechen den Programmablauf, um gegebene Werte (α, β, a) einzugeben oder
gesuchte Werte (γ, b, c, A, U) anzuzeigen. Die Fortsetzung des Programmablaufs erreichen wir manuell
mit der Taste $\boxed{\text{R/S}}$. Nach der Berechnung von U
haben wir zwei Ziele vor Augen: 1. Wir wollen den
Wert U im AR ablesen, und 2. soll danach das Programm mit der Eingabe des nächsten a-Wertes wieder
gestartet werden. Im Flußdiagramm haben wir dieses
schematisch dargestellt durch eine Rückkehr auf eine
Marke ①, der ein (Stop) vor der Eingabe von a folgt.

Als Marken (Labels, Kennzeichen) können beim
TI-57 die Ziffern $\boxed{0}$ bis $\boxed{9}$ benutzt werden.
Als Platzhalter für eine dieser 10 Labels schreiben
wir kurz $\boxed{\text{M}}$.

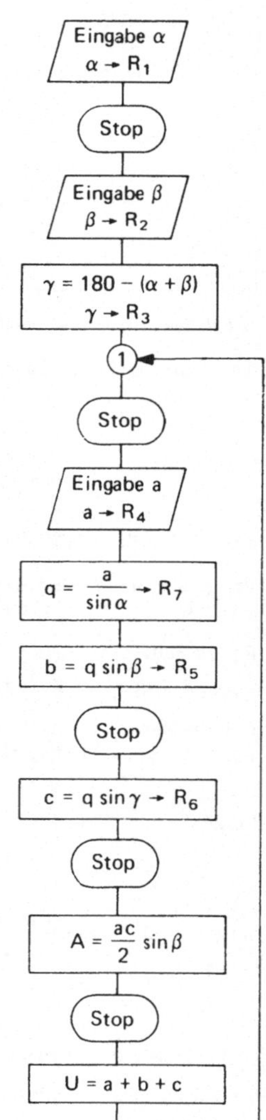

Eine Anweisung, mit der wir eine beliebige Stelle im Programm erreichen können, nennen wir eine Sprunganweisung, in diesem Fall eine **unbedingte Sprunganweisung**, da sie *immer* (unbedingt) ausgeführt werden soll. Diese Stelle wird im Programm durch |*LBL| |M| (Label M) gekennzeichnet. Für die 3 Tasten |*LBL| |M| wird nur eine Programmzeile benötigt.

Die Anweisung |GTO| |M| (GO TO M) bewirkt in einem Programm einen Sprung auf die PSS, die auf |*LBL| |M| folgt, und die Ausführung der in dieser PSS festgelegten Anweisung.

Übrigens haben wir mit |RST| früher (s. 2.2.) bereits eine andere unbedingte Sprunganweisung kennengelernt. Während wir aber mit |GTO| jede markierte Speicherstelle erreichen können, ist mit |RST| nur der Sprung auf die PSS 00 (also auf den Anfang des Programms) möglich.

PSS	Taste	Bemerkungen
00	STO 1	$\alpha \to R_1$
01	R/S	
02	STO 2	$\beta \to R_2$
03	+	
04	RCL 1	$\alpha \to AR$
05	−	Berechnung
06	1	von γ
07	8	
08	0	
09	. =	
10	+/−	
11	STO 3	$\gamma \to R_3$
12	*LBL 1	
13	R/S	$(AR) = \gamma$, $(AR) = U$
14	STO 4	$a \to R_4$
15	÷	Berechnung von q
16	RCL 1	$\alpha \to AR$
17	*sin	
18	=	
19	STO 7	$q \to R_7$
20	×	Berechnung von b
21	RCL 2	$\beta \to AR$
22	*sin	
23	=	
24	STO 5	$b \to R_5$
25	R/S	$(AR) = b$
26	RCL 3	$\gamma \to AR$
27	*sin	Berechnung von c
28	×	
29	RCL 7	$q \to AR$
30	=	
31	STO 6	$c \to R_6$
32	R/S	$(AR) = c$
33	×	
34	RCL 4	$a \to AR$
35	÷	Berechnung von A
36	2	
37	×	
38	RCL 2	$\beta \to AR$
39	*sin	
40	=	
41	R/S	$(AR) = A$
42	RCL 4	$a \to AR$
43	+	
44	RCL 5	$b \to AR$
45	+	Berechnung von U
46	RCL 6	$c \to AR$
47	=	
48	GTO 1	Sprung auf PSS 13

Diesem Programm fügen wir eine Anleitung hinzu, aus der hervorgeht, was der Benutzer *nach* der Eingabe des Programms in den Rechner zu beachten hat. Diejenigen Leser, die sich selbst eine Programmbibliothek aufbauen wollen, sollten jedes Programm nur mit einer dazugehörenden **Benutzeranleitung** aufbewahren. Erfahrungsgemäß vergißt man nach einiger Zeit die Einzelheiten des Programms und weiß z.B. nicht mehr genau, in welcher Reihenfolge gegebene Werte eingetastet oder gesuchte Werte angezeigt werden.

Für viele Aufgaben ist auch die Kenntnis des Speicherplans wichtig, deshalb nehmen wir diesen ebenfalls mit in unsere Anleitungsvorschrift hinein.

Folgende Punkte werden wir stets bei der Zusammenstellung einer Benutzeranleitung beachten:

1. Das Programm wird nach der Vorschrift 2.2. eingegeben.
2. Striche in der Eingabe- oder Anzeigespalte bedeuten, daß keine Eingabe erfolgt oder der angezeigte Wert im AR ohne Bedeutung ist.
3. Im Speicherplan nicht aufgeführte Speicher sind nicht belegt, stehen also für evtl. Programmerweiterungen zur Verfügung.

Für unser obiges Beispiel geben wir die *Benutzeranleitung*:

Berechnung eines Dreiecks aus α, β, a			
1. Programm eintasten. 2. Vor der Durchführung der Rechnung mit neuen Werten α und β ist das BAR mit $\boxed{\text{RST}}$ auf 00 zu stellen.			

Speicherplan		Eingabe	Taste	Anzeige
1	α	α	R/S	–
2	β	β	R/S	γ
3	γ	a	R/S	b
4	a	–	R/S	c
5	b	–	R/S	A
6	c	–	R/S	U
7	q	a	R/S	b
		...	usw.	...

Die Ergebnisse der Rechnung sind in der folgenden Tabelle zusammengestellt (mit $\boxed{*\text{Fix}}$ 1):

Dreiecksberechnungen: $\alpha = 47,5°$, $\beta = 62,8°$, $\gamma = (R_3) = 69,7°$					
a in cm	13,5	18,2	21,4	27,8	32,0
b in cm	16,3	22,0	25,8	33,5	38,6
c in cm	17,2	23,2	27,2	35,4	40,7
A in cm^2	103,1	187,4	259,1	437,2	579,3
U in cm	47,0	63,3	74,4	96,7	111,3

In dem folgenden Beispiel sollen neben der Sprunganweisung auch ,Umordnungsprobleme' geübt werden. Der Programmierer muß bei iterativen Rechnungen dafür sorgen, daß der Rechner gewisse Größen in den richtigen Speichern zur Verarbeitung vorfindet und nach Abschluß eines Iterationsschrittes die alten und neu berechneten Werte wieder in die richtigen Speicher bringt.

Beispiel: Sind von einer quadratischen Funktion

$$y = a\,x^2 + b\,x + c$$

drei Funktionswerte y_1, y_2, y_3
an den äquidistanten Stellen x_1,
$x_2 = x_1 + h$, $x_3 = x_2 + h$
(s. Bild 2.4.2) bekannt, so kann
der Funktionswert y_4 an der
Stelle $x_4 = x_3 + h$ nach der
Formel

$$y_4 = y_1 - 3y_2 + 3y_3$$

berechnet werden. [1]

Sind z. B. y_1, y_2, y_3 gemessen worden, so lassen sich
die weiteren Funktionswerte $y_4, y_5, \ldots$ an äquidistanten Stellen $x_4, x_5, \ldots$ berechnen, ohne daß erst
die Funktionsgleichung aufgestellt zu werden braucht.
Wir wollen ein Programm schreiben, das uns die zugehörigen Werte x und y berechnet und nacheinander
anzeigt.

Wir entwickeln das *Flußdiagramm* und erinnern vorher
noch einmal an die Ergibtanweisung (s. 2.3.). Es bedeutet

$y_1 := y_2$: Der Wert y_1 wird ersetzt durch y_2,
oder: y_2 wird in *den* Speicher gebracht, in dem
  sich bisher y_1 befand.

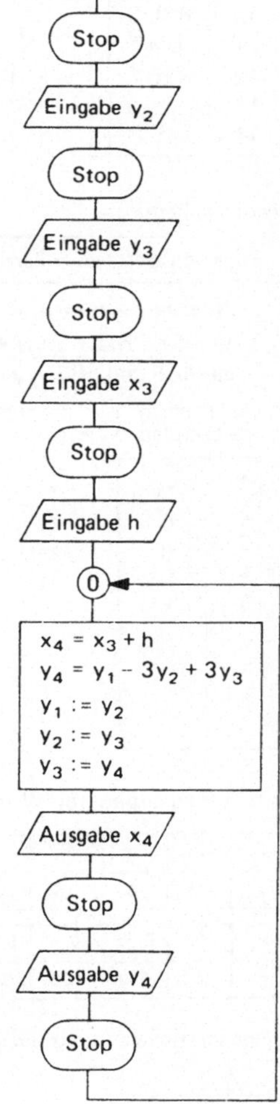

---

[1] Für mathematisch Interessierte: Versuchen Sie, diese
einfache Formel zur Berechnung von y_4 aus den vorhergehenden Funktionswerten y_1, y_2, y_3 allgemein zu
beweisen.

Das Programm lautet (Speicherplan s. Benutzeranleitung):

PSS	Taste	Bemerkungen
00	STO 1	$y_1 \to R_1$
01	R/S	
02	STO 2	$y_2 \to R_2$
03	R/S	
04	STO 3	$y_3 \to R_3$
05	R/S	
06	STO 4	$x_3 \to R_4$
07	R/S	
08	STO 5	$h \to R_5$
09	*LBL 0	
10	RCL 5	
11	SUM 4	$x_4 = x_3 + h \to R_4$
12	RCL 1	$y_1 \to R_1$
13	–	
14	3	
15	x	
16	RCL 2	$y_2 \to AR$
17	STO 1	$y_2 \to R_1$
18	+	
19	3	
20	x	
21	RCL 3	$y_3 \to AR$
22	STO 2	$y_3 \to R_2$
23	=	$(AR) = y_4$
24	STO 3	$y_4 \to R_3$
25	RCL 4	$(AR) = x_4$
26	R/S	
27	RCL 3	$(AR) = y_4$
28	R/S	
29	GTO 0	Sprung auf PSS 10

Benutzeranleitung:

Funktionswerte einer Parabel $y = ax^2 + bx + c$
1. Programm eintasten.
2. Vor der Eingabe neuer Werte y_1, y_2, y_3, x_3, h das BAR mit [RST] auf 00 stellen.

Speicherplan		Eingabe	Taste	Anzeige
1	y_1	y_1	R/S	–
2	y_2	y_2	R/S	–
3	y_3	y_3	R/S	–
4	x_3	x_3	R/S	–
5	h	h	R/S	x_4
		–	R/S	y_4
		–	R/S	x_5
		–	R/S	y_5
		...	usw.	...

Zwei Zahlenbeispiele (die Werte der ersten 3 Spalten sind gegeben):

x	–1	0	1	2	3	4	5	6	7	8	9	10
y	0,5	0	0,5	2	4,5	8	12,5	18	24,5	32	40,5	50

x	0	0,25	0,5	0,75	1	1,25	1,5	1,75	2
y	2	1,8125	1,75	1,8125	2	2,3125	2,75	3,3125	4

(Die quadratischen Funktionen für die obigen Beispiele lauten: $y = \dfrac{x^2}{2}$ oder $y = x^2 - x + 2$.)

2.5. Überprüfen und Korrigieren eines Programms

Jedem, der den Umgang mit einem programmierbaren Rechner lernt (und nicht nur diesem),
wird es passieren, daß ein eingegebenes Programm nicht so abläuft, wie es vom Benutzer
vorgesehen war. Die häufigste Fehlerquelle wird wahrscheinlich im falschen Aufbau des
Programms liegen. Möglich sind aber auch Fehler, die bei der Eingabe gemacht werden.

Um ein eingegebenes Programm zu überprüfen, schalten wir den Rechner aus der Betriebs-
art RECHNEN mit |RST| |LRN| auf die Speicherstelle 00 in der Betriebsart LEARN.
Das gespeicherte Programm können wir Schritt für Schritt auf seine Richtigkeit überprüfen.

> In der Betriebsart LEARN wird das Befehlsadreßregister durch Betätigen
> der Taste |SST| (Single Step) auf die folgende, durch |BST| (Back Step)
> auf die vorhergehende Programmspeicherstelle eingestellt.

Für das gespeicherte Programm des ersten Beispiels in 2.4. erhalten wir auf diese Art:

	RST		LRN		:	00 32 1	
	SST		:	01 81	
	SST		:	02 32 2	
	BST		:	01 81	usw.

So können wir mit Hilfe der Tastenkode-Tabelle (Anhang 7.1.) feststellen, ob das einge-
gebene mit unserem aufgestellten Programm übereinstimmt. Eventuelle Fehler können
dann korrigiert werden, wie wir weiter unten sehen werden.

Die Taste |BST| wird sehr häufig auch unmittelbar bei der Eingabe eines Programms be-
nutzt, um festzustellen, welche Taste als letzte gedrückt wurde. Bei unserem Beispiel aus
2.4. würde bei der Eingabe nach dem Programmschritt 05 (Betätigen von |−|) im Sicht-
fenster | 06 00 | erscheinen. Hieraus ist nicht mehr zu erkennen, welche Anwei-
sung als letzte eingegeben wurde. Um zu kontrollieren, ob auch wirklich |−| eingetastet
wurde, stellen wir das Befehlsadreßregister mit |BST| zurück und erhalten (bei richtiger
Eingabe) | 05 65 | .

Wenn wir die Vermutung haben, daß bei einem gespeicherten Programm z.B. im Programmschritt 47 eine Anweisung nicht korrekt ist, so wäre es natürlich sehr mühsam, von 00
mit |SST| bis 47 zu kommen. Hier hilft uns die folgende Eigenschaft der Taste |GTO| :

> Aus der Betriebsart RECHNEN wird durch die Tastenfolge |GTO| |2nd| n m |LRN|
> das Befehlsadreßregister auf die PSS n m in der Betriebsart LEARN eingestellt. Ent-
> sprechend wird mit |GTO| |M| |LRN| die im Programm auf |*LBL| |M|
> folgende PSS eingestellt.

(Aber aufpassen: In der Betriebsart LEARN zerstören Sie, jedenfalls teilweise, mit der
Tastenfolge |GTO| |2nd| n m |LRN| Ihr Programm.)

Beseitigung von Eingabefehlern:

1. Nehmen wir an, in Ihrem (bereits gespeicherten) Programm sollte im Programmschritt 35 die Taste $\boxed{\div}$ gedrückt worden sein, Sie vermuten aber aufgrund der ausgegebenen Ergebnisse dort einen Fehler. Sie betätigen

$\boxed{\text{GTO}}$ $\boxed{\text{2nd}}$ 35 $\boxed{\text{LRN}}$ und lesen die Anzeige $\boxed{\quad 35\ \ 55 \quad}$.

Sie haben also bei der Eingabe aus Versehen die Taste $\boxed{\times}$ (Kode 55) statt $\boxed{\div}$ (Kode 45) betätigt. In diesem Fall brauchen Sie nur bei obiger Befehlsadreßregistereinstellung die richtige Taste $\boxed{\div}$ zu drücken. Die alte (hier: falsche) Eingabe wird dann durch die neue (hier: richtige) Eingabe überschrieben. Von der auf die PSS 36 vorgerückten Anzeige schalten Sie zurück mit $\boxed{\text{BST}}$ und kontrollieren die Anzeige $\boxed{\quad 35\ \ 45 \quad}$ auf Ihre Richtigkeit.

2. Bei einem Programm mögen die richtigen Programmschritte 34 bis 38 (s. Programm Dreiecksberechnung in 2.4.) wie unten links aussehen. Kontrolle des Programms ergibt dazu im Sichtfenster die Folge unten rechts.

34	RCL 4
35	÷
36	2
37	x
38	RCL 2

34 33 4
35 45
36 02
37 02
38 55

Hier ist die 2 aus Versehen zweimal eingetastet worden. In diesem Fall stellen wir das Befehlsadreßregister auf 37 ein, in der Anzeige erscheint $\boxed{\quad 37\ \ 02 \quad}$. Diese Operation soll gelöscht werden.

Mit $\boxed{\text{*Del}}$ (Delete) wird in der Betriebsart LEARN die im Sichtfenster angezeigte Anweisung gelöscht. Alle nachfolgenden Anweisungen rücken im Befehlsadreßregister um eine Stelle vor.

Stellen wir im obigen Beispiel das BAR auf 37 und betätigen $\boxed{\text{*Del}}$, so wird die 2 in der PSS 37 gelöscht. In diese Speicherstelle rückt die nächste Anweisung $\boxed{\times}$ (Kode 55) vor. In 38 wird die Anweisung $\boxed{\text{RCL}}$ 2 (Kode 33 2) gespeichert usw.

Der Rechner bietet uns eine weitere Möglichkeit, eine Anweisung zu löschen:

Die Anweisung $\boxed{\text{*Nop}}$ (No Operation oder Nulloperation) veranlaßt den Rechner, diese PSS zu überspringen und die Anweisung der folgenden PSS auszuführen.

Mit $\boxed{\text{*Nop}}$ bekommt der Rechner also die Anweisung, in dieser PSS nichts zu tun. Betätigen wir im obigen Beispiel bei der Anzeige $\boxed{\quad 37\ \ 02 \quad}$ die Taste $\boxed{\text{*Nop}}$, so wird der Rechner bei der Durchführung des Programms in der Betriebsart RUN nach der Anweisung in der PSS 36 die Anweisung $\boxed{\times}$ der PSS 38 ausführen.

3. Der letzte Eingabefehler, der vorkommen kann, besteht im Vergessen des Betätigens
einer Taste. Ist im obigen Beispiel im Programmschritt 35 vergessen worden, die Taste $\boxed{\div}$
zu drücken, so würden wir mit $\boxed{\text{GTO}}$ $\boxed{\text{2nd}}$ 34 $\boxed{\text{LRN}}$
und Betätigen der Taste $\boxed{\text{SST}}$ im Sichtfenster die nebenstehende Folge erhalten. In diesem Fall müssen wir in der
PSS 35 Platz schaffen für die Anweisung $\boxed{\div}$, ohne
dadurch die in 35 gespeicherte 2 zu zerstören.

34	33 4
35	02
36	55

> Mit $\boxed{*\text{Ins}}$ (Insert) werden in der Betriebsart LEARN alle Anweisungen
> von der eingestellten Befehlsadreßregisterstelle ab um eine Stelle zurück-
> gerückt. In die frei werdende PSS kann die fehlende Anweisung gesetzt
> werden.

In dem obigen Beispiel werden wir bei der Einstellung
des BAR auf 35 die Tasten $\boxed{*\text{Ins}}$ $\boxed{\div}$ betätigen
und damit die richtige Anweisungsfolge erhalten
(s. nebenstehend).

34	33 4
35	45
36	02
37	55

Eine weitere Bemerkung zur Taste $\boxed{\text{SST}}$

Haben wir dem Rechner ein Programm eingegeben und wieder in die Betriebsart RECHNEN
geschaltet, so kann die Ausführung dieses Programms schrittweise verfolgt werden.

> Mit der Taste $\boxed{\text{SST}}$ wird in der Betriebsart RECHNEN jede Anweisung des
> Programms einzeln durchgeführt.

Geben Sie das kurze Programm aus 2.3. in Ihren Rechner. Sehen Sie
sich das Sichtfenster an, wenn Sie wiederholt die Taste $\boxed{\text{SST}}$ betätigen. Sie erhalten die nebenstehende Anzeigenfolge. An der
PSS 08 $\boxed{\text{R/S}}$ geben Sie 2 ein.

Diese Eigenschaft der Taste $\boxed{\text{SST}}$ wird vorwiegend zum Aufsuchen
von Fehlerquellen in einem Programm benutzt.

0.
1
1.
3.1415927
3.1415927
4
1.7853982
1.7853982
2
2
4.
7.1415927

2.6. Programmbeispiele

Im II. Teil dieses Buches werden wir Programmbeispiele aus verschiedenen Gebieten der
Mathematik und Technik bringen. Damit aber das unmittelbar Gelernte der Programmiertechnik geübt und gefestigt wird, sollen bereits hier einige weitere Beispiele gebracht
werden.

Beispiel 1: Die Quadratwurzel $x = \sqrt{a}$ ist nach der Iterationsvorschrift (s. 1.3.)

$$x_n = \frac{1}{2}\left(x_{n-1} + \frac{a}{x_{n-1}}\right) \quad \text{für} \quad n \in \mathbb{N}$$

zu berechnen.

Im *Flußdiagramm* setzen wir $x_{n-1} = x_0$ und $x_n = x_1$ (unten links). Danach stellen wir mit $a \to R_1$ und $x_0 \to R_2$ das Programm (unten rechts) auf. (Auf die früher angefügten Bemerkungen verzichten wir in diesem Abschnitt.)

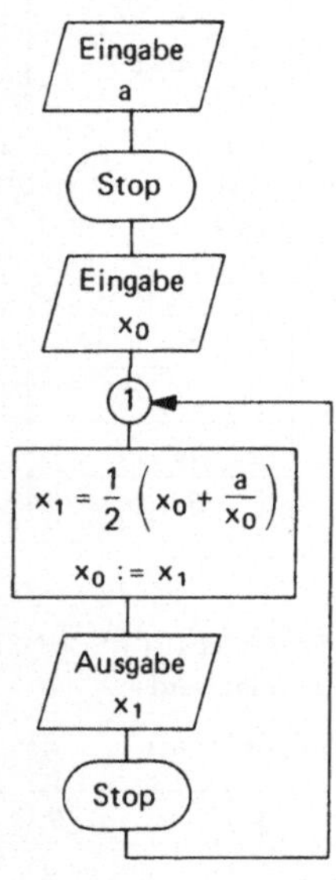

PSS	Taste
00	STO 1
01	R/S
02	*LBL 1
03	STO 2
04	+
05	RCL 1
06	÷
07	RCL 2
08	=
09	÷
10	2
11	=
12	R/S
13	GTO 1

Benutzeranleitung:

Quadratwurzelberechnung $x = \sqrt{a}$			
1. Programm eintasten. 2. Vor der Durchführung der Iteration für einen neuen Wert a das BAR mit $\boxed{\text{RST}}$ auf 00 stellen.			
Speicherplan	Eingabe	Taste	Anzeige
1 a	a	R/S	—
2 x_0	x_0	R/S	x_1
	—	R/S	x_2
	...	usw.	...

Führen Sie die Rechnung durch für $a = 14{,}256$ mit $x_0 = 3$. Sie erhalten die Folge:

3,876; 3,7770093; 3,7757121; 3,7757119; 3,7757119; ...

Wählen Sie einen anderen Ausgangswert x_0, und führen Sie mit diesem die Rechnung durch. Sie kommen stets auf 3,7757119, d.h. die durch die Iterationsvorschrift festgelegte Folge ist für jeden Wert x_0 konvergent. Natürlich kann die Anzahl der Iterationsschritte — und damit der Zeitaufwand — sehr groß werden. Wählen Sie z.B. $x_0 = 50\,000\,000$ oder $x_0 = 0{,}0001$.

Beispiel 2: Berechnung von Flächenwerten.

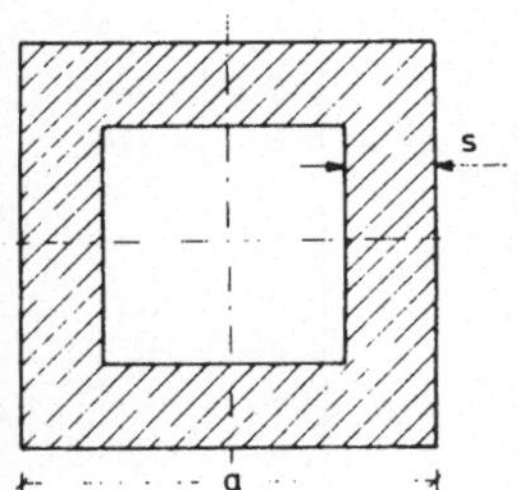

Bild 2.6.1

Für einen Träger mit quadratischem Rohrquerschnitt (s. Bild 2.6.1) sind für Festigkeitsberechnungen die folgenden Größen wichtig:

Flächeninhalt

$$A = a^2 - (a - 2s)^2 = 4s \, (a - s) \, ;$$

Flächenträgheitsmoment

$$I = \frac{1}{12} \, [a^4 - (a - 2s)^4] = \frac{A}{12} \, [a^2 + (a - 2s)^2] \, ;$$

Widerstandsmoment

$$W = \frac{I}{a/2} = \frac{2I}{a} \, .$$

Wir wollen die Berechnung dieser Größen für handelsübliche Abmessungen durchführen:

a = 35 mm;   s = 1,25;   1,5;   1,75;   2;   2,25;   2,5   mm
a = 40 mm;   s = 1,5;   2;   2,5   mm
a = 50 mm;   s = 2;   2,5;   3;   3,5;   4   mm

Die Ergebnisse A in cm^2, I in cm^4 und W in cm^3 sollen auf 2 Nachkommastellen ausgegeben werden.

Im *Flußdiagramm* wird nach der Durchführung der Rechnung für ein Zahlenpaar a, s auf die Eingabestelle für s zurückgegangen. Soll auch ein neuer Wert a eingegeben werden, so stellen wir manuell mit $\boxed{\text{RST}}$ (im Flußdiagramm gestrichelte Linie) das Befehlsadreßregister auf 00.

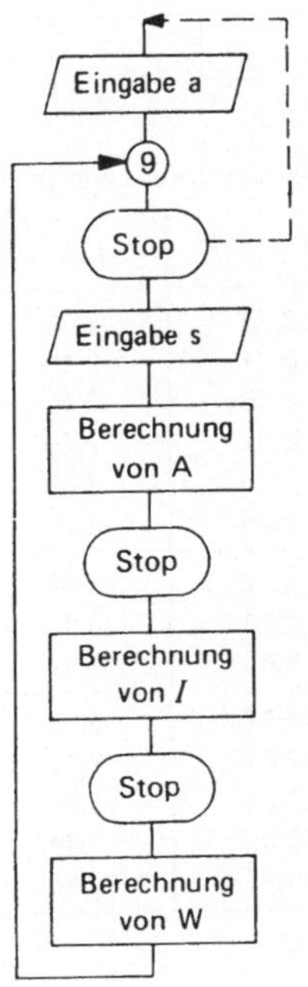

Das Programm lautet:

PSS	Taste
00	STO 1
01	*LBL 9
02	R/S
03	STO 2
04	x
05	4
06	x
07	(
08	RCL 1

PSS	Taste
09	−
10	RCL 2
11	)
12	=
13	R/S
14	÷
15	1
16	2
17	x
18	(

PSS	Taste
19	RCL 1
20	x^2
21	+
22	(
23	RCL 1
24	−
25	2
26	x
27	RCL 2
28	)

PSS	Taste
29	x^2
30	=
31	R/S
32	x
33	2
34	÷
35	RCL 1
36	=
37	GTO 9
38	

Benutzeranleitung:

Berechnung von Flächenwerten			
1. Programm eintasten. 2. Vor der Eingabe eines neuen Wertes a mit RST das BAR auf 00 stellen.			
Speicherplan	Eingabe	Taste	Anzeige
1 a	a	R/S	−
2 s	s	R/S	A
	−	R/S	I
	−	R/S	W
	s	R/S	A
	…	usw.	…

Die Ergebnisse der Rechnung sind in der folgenden Tabelle zusammengestellt:

a in mm	s in mm	A in cm^2	I in cm^4	W in cm^3
35	1,25	1,69	3,21	1,83
	1,5	2,01	3,77	2,15
	1,75	2,33	4,30	2,46
	2	2,64	4,81	2,75
	2,25	2,95	5,29	3,03
	2,5	3,25	5,76	3,29
40	1,5	2,31	5,72	2,86
	2	3,04	7,34	3,67
	2,5	3,75	8,83	4,41
50	2	3,84	14,77	5,91
	2,5	4,75	17,91	7,16
	3	5,64	20,85	8,34
	3,5	6,51	23,59	9,44
	4	7,36	26,15	10,46

2.7. Übungsaufgaben

2.1. Schreiben Sie ein Programm zur Berechnung der Flächenwerte eines kreisförmigen Querschnitts:

Flächeninhalt $\qquad A. = \dfrac{\pi}{4}\, d^2 \; ;$

Widerstandsmoment $\qquad W = \dfrac{\pi}{32}\, d^3 \; ;$

Flächenträgheitsmoment $\quad I = \dfrac{\pi}{64}\, d^4 \; .$

(Beachten Sie, daß W und I über d mit A zusammenhängen. Sie sparen sich dadurch einige Programmschritte!)
Führen Sie die Rechnung durch für

$$d = 20;\; 25;\; 30;\; 35;\; 40;\; 45;\; 50 \text{ mm} .$$

2.2. Von einem Dreieck sind gegeben: $a = 56{,}4$ cm; $b = 38{,}2$ cm;

$$\gamma = 17{,}8°;\quad 48{,}9°;\quad 81{,}0°;\quad 104{,}7°;\quad 126{,}5°;\quad 146{,}1°.$$

Berechnen Sie mit einem Programm die Seite c nach dem Cosinussatz:

$$c^2 = a^2 + b^2 - 2ab \cos\gamma .$$

2.3. Die 3. Wurzel aus einer Zahl a läßt sich iterativ nach der Vorschrift

$$x_n = \frac{1}{3}\left(2\,x_{n-1} + \frac{a}{x_{n-1}^2}\right) \quad \text{mit} \quad n \in \mathbb{N}$$

berechnen. Stellen Sie hierfür ein Programm auf, und berechnen Sie insbesondere $\sqrt[3]{6{,}42}$ und $\sqrt[3]{-0{,}0386}$. Vergleichen Sie Ihre iterativ berechneten Werte mit den über die Tasten $\boxed{\text{INV}}$ $\boxed{y^x}$ angezeigten Werten.

Zusatz: Untersuchen Sie die Folge

$$x_n = \frac{1}{2}\left(x_{n-1} + \frac{a}{x_{n-1}^2}\right) \quad \text{oder} \quad x_n = \frac{1}{4}\left(x_{n-1} + \frac{3a}{x_{n-1}^2}\right) ,$$

indem Sie mit einem Programm hinreichend viele Glieder berechnen.

2.4. Werden zu Beginn eines jeden Jahres r DM auf ein Sparkonto gezahlt, so beträgt bei einem jährlichen Zinssatz p das Kapital Ende des n-ten Jahres

$$K_n = r q\, \frac{q^n - 1}{q - 1} \quad \text{mit} \quad q = 1 + p \quad \text{(Aufzinsungsfaktor)} .$$

Berechnen Sie K_n mit Hilfe eines Programms für $r = 1000.-$ DM für die folgenden Werte:

p	5,0; 5,25; 5,5; 5,75; 6,0; 6,25; 6,5 %
n	4; 5; 6; 7; 8 Jahre

2.5. Stellen Sie ein Programm auf zur Berechnung der reellen Lösungen der quadratischen Gleichung $a\,x^2 + b\,x + c = 0$.

Zahlenbeispiel:

a	1	3	0,52	1	9,41
b	-1	-7	2,71	31,26	0,432
c	-6	2	0,86	112,4	-0,0316

$$\left(\text{Die Lösungsformel lautet } x_{1,2} = \frac{-b \pm \sqrt{b^2 - 4\,a\,c}}{2\,a}.\right)$$

2.6. Für die Auslenkung einer gedämpften Schwingung gilt

$$y = A\,e^{-\delta t}\sin \omega t\,.$$

Berechnen Sie für $A = 25\,\text{mm}$, $\delta = 0,2\,\frac{1}{s}$ (Dämpfungsfaktor), $\omega = \frac{\pi}{2}\,\frac{1}{s}$ (Kreisfrequenz = Anzahl der Schwingungen in 2π Sekunden) und

$$t = 0;\ \ 0,5;\ \ 1;\ \ 1,5;\ \ 2;\ \ \ldots\ \ 7,5;\ \ 8\ \ \text{s}$$

die Funktionswerte y. Zeichnen Sie die Schwingung in einem t, y-Koordinatensystem als Kurve.

2.7. Untersuchen Sie, was mit dem folgenden Programm berechnet wird.

PSS	Taste
00	STO 1
01	+
02	(
03	R/S
04	STO 2
05	x^2

06	+
07	1
08	)
09	$\sqrt{x}$
10	−
11	2
12	×

13	RCL 1
14	×
15	RCL 2
16	÷
17	(
18	RCL 1
19	+

20	RCL 2
21	)
22	=
23	R/S
24	RST
25	
26	

(Nennen Sie $(R_1) = a$ und $(R_2) = b$.)

3. Verzweigungen (bedingte Sprunganweisungen)

3.1. Das Flußdiagramm für Verzweigungen

Programmierbare Taschenrechner besitzen die Fähigkeit, einen **Vergleich** zwischen zwei Zahlenwerten durchzuführen. Sie können z.B. entscheiden, ob entweder $x \geq 2$ oder $x < 2$ ist. Vom Ergebnis dieses Vergleichs wird die Fortsetzung des Rechenganges abhängen:
Wenn $x \geq 2$ ist, *dann* wird die Anweisung A_1 ausgeführt, *sonst* eine andere Anweisung A_2. Im Programmablauf können damit Sprünge durchgeführt werden, die von Bedingungen abhängen. Wir nennen sie daher **bedingte** Sprünge im Gegensatz zu den bereits früher kennengelernten *unbedingten* Sprüngen, die durch die Anweisungen $\boxed{\text{GTO}}$ oder $\boxed{\text{RST}}$ bewirkt werden.

Bevor wir auf die Programmierung bedingter Sprünge oder Verzweigungen eingehen, wollen wir vorher an zwei Beispielen das Flußdiagramm für solche Probleme entwickeln. Wir benutzen für einen Vergleich V das Symbol

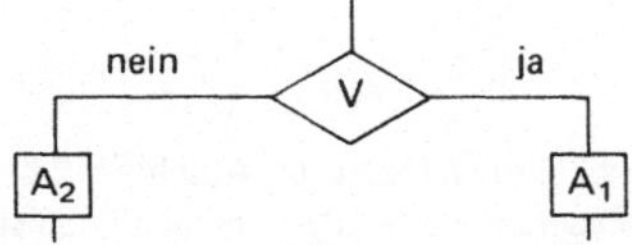

Fällt der Vergleich positiv aus, so wird die Anweisung A_1 ausgeführt, sonst A_2.

Beispiel: Von den in Bild 3.1.1 dargestellten Funktionen

$$y_1 = \frac{x^2}{4} + \sqrt{1+x} \quad \text{und} \quad y_2 = 4(1 - e^{-x})$$

sollen für einen gegebenen Wert $x \geq -1$ die Funktionswerte berechnet werden. Von diesen beiden Werten y_1 und y_2 ist der größere — wir nennen ihn $y_{max} = \text{Max}(y_1; y_2)$ — herauszusuchen und anzuzeigen.

Zum Beispiel sind $y_1 = 1$ und $y_2 = 0$ für $x = 0$, also $y_{max} = \text{Max}(1; 0) = 1$.

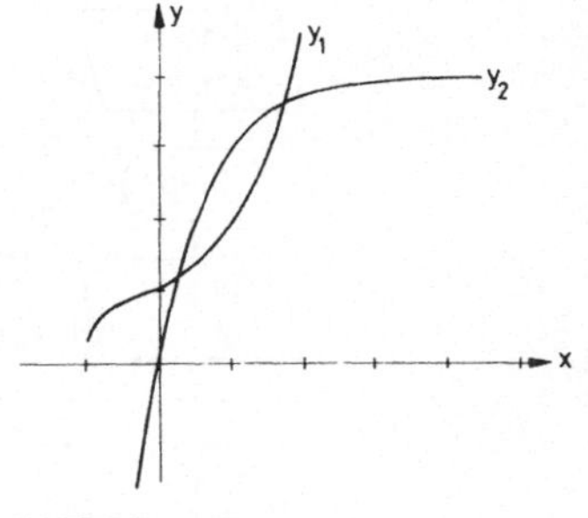

Bild 3.1.1

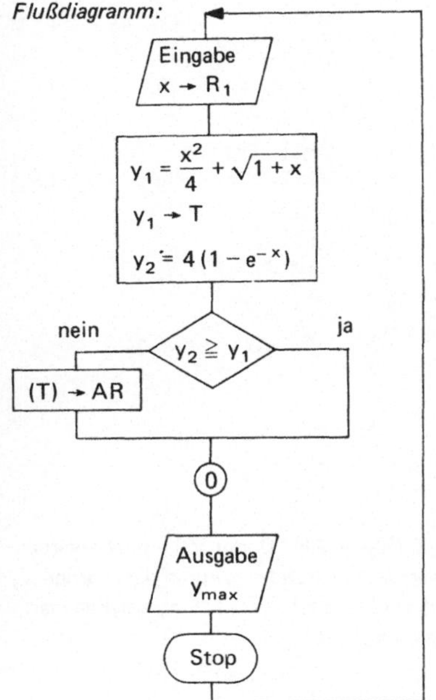

Flußdiagramm:

33

Die in diesem und dem folgenden Flußdiagramm benutzte Speicherung $\to$ T wird im nächsten Abschnitt erklärt.

Beispiel: Quadratwurzelberechnung $x = \sqrt{a}$ durch Iteration:

$$x_n = \frac{1}{2}\left(x_{n-1} + \frac{a}{x_{n-1}}\right) \quad \text{für} \quad n \in \mathbb{N}.$$

Diese Aufgabe haben wir bereits früher (s. 1.3. und 2.6.) behandelt. Im Abschnitt 2.6. mußten wir nach jedem berechneten Wert x das Programm mit $\boxed{\text{R/S}}$ manuell neu starten, um $\sqrt{a}$ ‚genau genug' berechnen zu können. Wir wollen jetzt erreichen, daß die Wiederholung der Rechnung selbständig durchgeführt wird und zwar solange, bis der neu berechnete Wert sich vom vorhergehenden um weniger als eine vorgegebene Größe ϵ (z.B. 0,000 001) unterscheidet. Es muß also iteriert werden, bis $|x_n - x_{n-1}| < \epsilon$ erfüllt ist.

Im *Flußdiagramm* setzen wir wie früher $x_{n-1} = x_0$ und $x_n = x_1$.

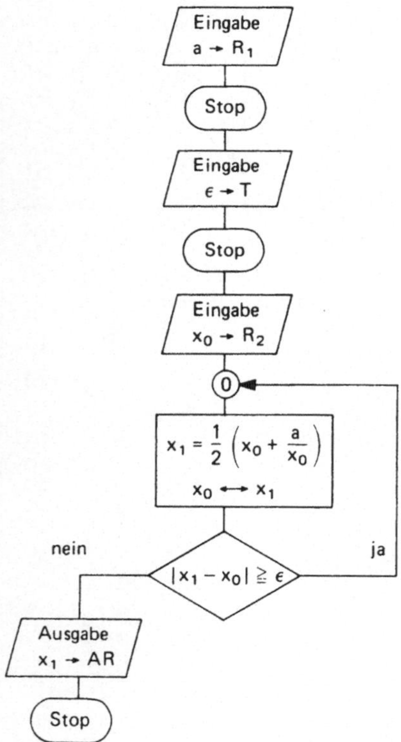

Der Austausch $x_0 \longleftrightarrow x_1$ bedeutet $(AR) \to R_2 \wedge (R_2) \to AR$. Damit soll erreicht werden, daß x_1 im nächsten Iterationsschritt in *dem* Speicher vorgefunden wird, in dem vorher x_0 stand, *und* x_0 dabei nicht verloren geht, wie es früher (s. 2.6.) mit $x_0 := x_1$ der Fall war. x_0 benötigen wir hier noch für den Vergleich $|x_1 - x_0| \geq \epsilon$.

3.2. Der T-Speicher (das T-Register)

Vergleiche zweier Zahlenwerte werden mit Hilfe eines besonderen Speichers (T-Speicher oder T-Register) durchgeführt. Beim TI-57 wird hierfür der Datenspeicher R_7 benutzt, der für das Speichern von Zahlenwerten dann **nicht** zur Verfügung steht.

| $x \gtrless t$ | bewirkt einen Austausch der Inhalte des AR und des T-Speichers: $(AR) \leftrightarrow (T)$.
| $*C.t$ | löscht den T-Speicher.

$x \gtrless t$ und $*C.t$ können sowohl manuell in der Betriebsart RECHNEN als auch als Anweisung in einem Programm benutzt werden. Zur Erinnerung: INV $*C.t$ in der Betriebsart RECHNEN löscht alle Datenspeicher und Rechenregister.

Mit den Zahlenwerten $x = (AR)$ und $t = (T)$ können die folgenden Vergleiche durchgeführt werden:

Ist $x = t$? Ist $x \neq t$?
Ist $x \geq t$? Ist $x < t$?

Die entsprechenden Anweisungen lauten:

| $*x = t$ | | INV | $*x = t$ |
| $*x \geq t$ | | INV | $*x \geq t$ |

Wird der Vergleich positiv beantwortet, so wird das Programm mit *der* Anweisung fortgesetzt, die unmittelbar auf die Vergleichsanweisung $*x = t$ usw. folgt. Andernfalls wird im Programm die übernächste Anweisung ausgeführt. Die obigen Anweisungen dürfen in unvollständige Operationen gesetzt werden.

Beispiel: Wir stellen das Programm für das 1. Beispiel aus 3.1. nach dem Flußdiagramm auf:

PSS	Taste	Bemerkungen
00	STO 1	$x \to R_1$
01	+	
02	1	
03	=	
04	$\sqrt{x}$	Berechnung
05	+	von y_1
06	RCL 1	
07	x^2	
08	÷	
09	4	
10	=	
11	$x \gtrless t$	$y_1 \to T$
12	4	
13	×	

PSS	Taste	Bemerkungen
14	(	
15	1	Berechnung
16	–	von y_2
17	RCL 1	
18	+/–	
19	INV ln x	
20	)	
21	=	
22	$*x \geq t$	$y_2 \geq y_1$?
23	GTO 0	$(AR) = y_2$
24	$x \gtrless t$	$(T) \leftrightarrow (AR)$
25	*LBL 0	
26	R/S	$(AR) = y_{max}$
27	RST	

Maximum zweier Funktionswerte y_1 und y_2			
Programm eintasten.			
Speicherplan	Eingabe	Taste	Anzeige
T y 1 x	x x	R/S R/S usw.	y_{max} y_{max} ...

Zahlenbeispiel (Angabe auf 3 Nachkommastellen):

x	0	-1	1	2	3	4
y_{max}	1,000	0,250	2,528	3,459	4,250	6,236

Beispiel: Das Programm zur Berechnung der Quadratwurzel (2. Beispiel aus 3.1.) auf eine vorgegebene Genauigkeit ϵ sieht folgendermaßen aus:

PSS	Taste	Bemerkungen
00	STO 1	$a \rightarrow R_1$
01	R/S	Eingabe ϵ
02	x ⇄ t	$\epsilon \rightarrow T$
03	R/S	Eingabe x_0
04	STO 2	$x_0 \rightarrow R_2$
05	*LBL 0	
06	RCL 2	$x_0 \rightarrow AR$
07	+	
08	RCL 1	
09	÷	
10	RCL 2	Berechnung
11	=	von x_1
12	÷	

PSS	Taste	Bemerkungen
13	2	
14	=	
15	*Pause	
16	*Exc 2	$x_1 \rightarrow R_2 \wedge x_0 \rightarrow AR$
17	–	Berechnung
18	RCL 2	von $|x_1 - x_0|$
19	=	
20	*$|x|$	
21	*x $\geq$ t	$|x_1 - x_0| \geq \epsilon$?
22	GTO 0	
23	RCL 2	$x_1 \rightarrow AR$
24	R/S	Anzeige $x = \sqrt{a}$
25	RST	
26		

In der PSS 15 haben wir die Anweisung <*Pause> benutzt. Der Rechner zeigt dann einen kurzen Augenblick den im AR stehenden Zahlenwert an. Auf diese Weise können wir die Zahlenwerte der Iterationsfolge $x_1, x_2, x_3, \ldots$ *beobachten'*.

Quadratwurzelberechnung $x = \sqrt{a}$			
1. Programm eintasten. 2. Die Iteration wird abgebrochen, wenn $\lvert x_n - x_{n-1}\rvert < \epsilon$ geworden ist.			

Speicherplan	Eingabe	Taste	Anzeige
T $\quad \epsilon$	a	R/S	–
1 $\quad$ a	ϵ	R/S	–
2 $\quad x_0$	x_0	R/S	$\sqrt{a}$

Führen Sie selbst mit diesem Programm die Berechnung von $\sqrt{14{,}256}$ für verschiedene Ausgangswerte x_0 und Genauigkeiten ϵ durch. Berechnen Sie auch andere Quadratwurzeln mit dem gespeicherten Programm.

3.3. Mehrfache Verzweigungen

Wie Programme mit mehr als einer Verzweigung aufgebaut werden, zeigen wir am besten an zwei Beispielen. Der Leser wird schnell erkennen: Je genauer ein Flußdiagramm erstellt wird, um so leichter und sicherer läßt sich das Programm schreiben. Besonders der Anfänger im Programmieren sollte großen Wert auf ein ausführliches und exaktes Flußdiagramm legen. Mit zunehmender Programmiererfahrung wird dieses ganz von allein immer spärlicher ausfallen.

Beispiel: Eine Bank bietet ihren Sparern für ein eingezahltes Kapital K_0:

im 1. Jahr $\quad p_1 = 4{,}25\,\%$ Zinsen,
im 2. Jahr $\quad p_2 = 5{,}00\,\%$ Zinsen,
im 3. Jahr $\quad p_3 = 6{,}50\,\%$ Zinsen,
im 4. Jahr $\quad p_4 = 7{,}50\,\%$ Zinsen.

Mit einem Programm sollen für K_0 nach $n \in \mathbb{N}_4$ Jahren das Kapital K_n und der mittlere Zinssatz p (die Rendite) ausgerechnet werden. Bei einer Eingabe eines nicht zulässigen n-Wertes ($n \notin \mathbb{N}_4$) soll dieses durch Blinken (z.B. Division durch Null) angezeigt werden.

Es gilt: $K_n = K_{n-1}(1 + p_n) = K_{n-1}\, q_n = K_{n-2}\, q_{n-1}\, q_n = \ldots = K_0\, q_1\, q_2 \ldots q_n$.

Wir setzen $q := q_1$, $q := q\, q_2, \ldots, q := q\, q_n$ und berechnen $K_n = K_0\, q$ und $p = (\sqrt[n]{q} - 1)\,100$.

Die Aufzinsungsfaktoren q_n speichern wir manuell: $q_n \to R_n$.

Flußdiagramm (Speicherplan s. Benutzeranleitung) :

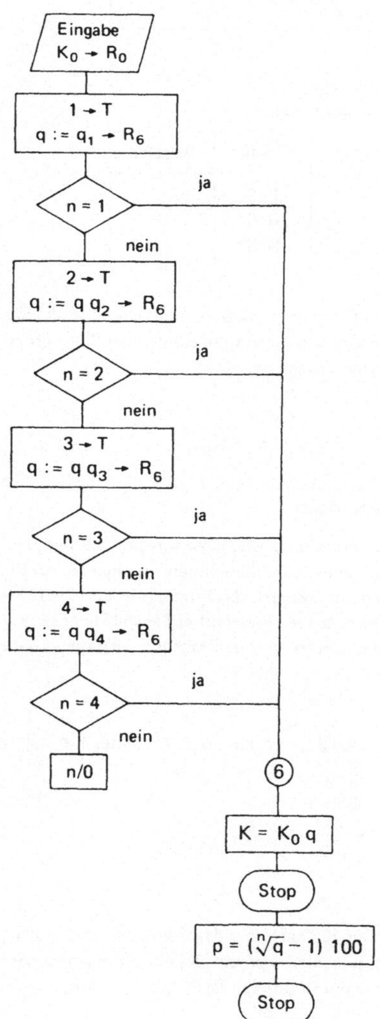

Das Programm lautet:

PSS	Taste
00	STO 0
01	1
02	x ⇆ t
03	RCL 1
04	STO 6
05	RCL 5
06	*x = t
07	GTO 6
08	2
09	x ⇆ t
10	RCL 2
11	*Prd 6

12	RCL 5
13	*x = t
14	GTO 6
15	3
16	x ⇆ t
17	RCL 3
18	*Prd 6
19	RCL 5
20	*x = t
21	GTO 6
22	4
23	x ⇆ t
24	RCL 4

25	*Prd 6
26	RCL 5
27	*x = t
28	GTO 6
29	÷
30	0
31	=
32	*LBL 6
33	RCL 0
34	×
35	RCL 6
36	=
37	R/S

38	RCL 6
39	INV y^x
40	RCL 5
41	–
42	1
43	=
44	×
45	1
46	0
47	0
48	=
49	R/S

Benutzeranleitung:

Anwachsen eines Kapitals und Rendite			
1. Programm eintasten.			
2. q_n und n manuell nach Speicherplan eingeben.			
3. $n \in IN_5 = \{1, 2, 3, 4, 5\}$; $n \notin IN_5$ erzeugt Blinken.			

Speicherplan		Eingabe	Taste	Anzeige
T	1, 2 … 5	K_0	R/S	K_n
0	K_0	–	R/S	p
1	q_1			
2	q_2			
3	q_3			
4	q_4			
5	n			
6	q			

Zahlenbeispiel (mit $\boxed{*\text{Fix}}$ 2):

$n\downarrow$	$K_0 \rightarrow$	1 000,–	3 500,–	DM
1	K_n	1 042,50	3 648,75	DM
	p	4,25	4,25	%
4	K_n	1 253,21	4 386,23	DM
	p	5,80	5,80	%
5	K p	*Blinken*		

Beispiel: Für $x \in \{0;\ 0{,}5;\ 1;\ 1{,}5;\ 2;\ 2{,}5;\ 3\}$ sollen die Werte der Funktion

$$y = \begin{cases} 0{,}4 + \dfrac{x}{2} & \text{für} \quad 0 \leqq x < 1 \\[2ex] 2{,}5 \cdot e^{\frac{x-1}{3}} & \text{für} \quad 1 \leqq x < 2 \\[2ex] \dfrac{15}{1 + x^2} & \text{für} \quad 2 \leqq x < \infty, \end{cases}$$

deren Kurve in Bild 3.3.1 gezeichnet ist, berechnet werden.

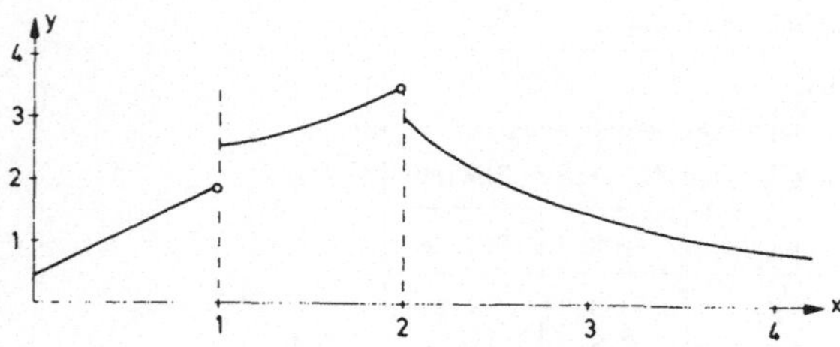

Bild 3.3.1

Da wir die Rechnung für äquidistante x-Werte durchführen, benutzen wir $x := x + 0{,}5$
(s. 2.3.).

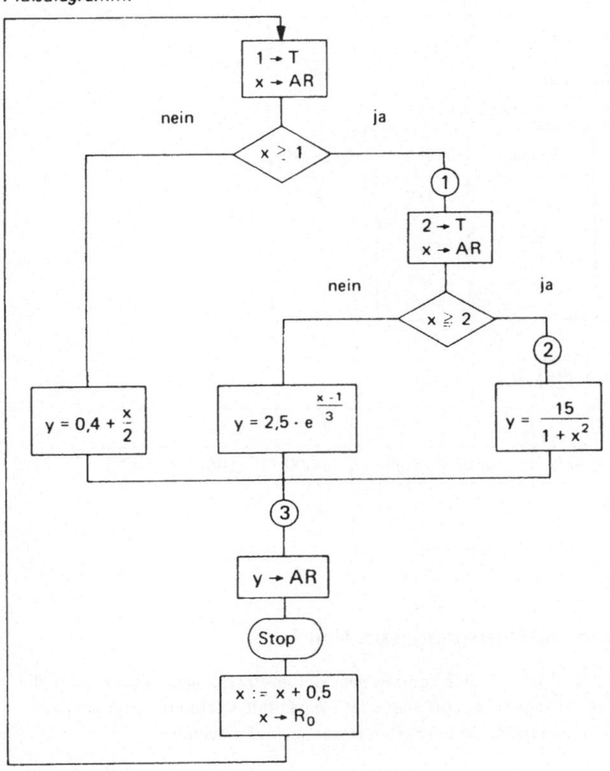

In dem folgenden Programm sind die Verzweigungen erkennbar an den Anweisungen $\boxed{*x \geq t}$.

PSS	Taste
00	1
01	x ◢ t
02	RCL 0
03	R/S
04	*x ≥ t
05	GTO 1
06	÷
07	2
08	+
09	·
10	4
11	=

12	GTO 3
13	*LBL 1
14	2
15	x ◢ t
16	RCL 0
17	*x ≥ t
18	GTO 2
19	−
20	1
21	=
22	÷
23	3
24	=

25	INV ln x
26	×
27	2
28	·
29	5
30	=
31	GTO 3
32	*LBL 2
33	x²
34	+
35	1
36	=
37	÷

38	1
39	5
40	=
41	1/x
42	*LBL 3
43	R/S
44	·
45	5
46	SUM 0
47	RST

Berechnung von Funktionswerten			
1. Programm eintasten.			
2. Tasten $\boxed{\text{INV}}$ $\boxed{\text{*C.t}}$ betätigen.			
Speicherplan	Eingabe	Taste	Anzeige
0 x	–	R/S	x
	–	R/S	y
	–	R/S	x
	–	R/S	y
	...	usw.	...

Zahlenbeispiel (mit $\boxed{\text{*Fix}}$ 3):

x	0	0,5	1	1,5	2	2,5	3
y	0,400	0,650	2,500	2,953	3,000	2,069	1,500

3.4. Verminderung und Überspringen bei Null

Neben $\boxed{\text{*x = t}}$, $\boxed{\text{*x} \geq \text{t}}$ usw. (s. 3.2.) gibt es eine weitere Verzweigungsanweisung, die insbesondere bei Berechnungen von Summen oder Folgen mit Vorteil benutzt werden kann. Wir wollen sie in den nächsten Beispielen erläutern und anwenden.

Beispiel: Die Zahlenfolge

$$a_n = 1 + \frac{1}{4} a_{n-1}^2 \qquad (n \in \mathbb{N})$$

soll für verschiedene Ausgangswerte a_0 untersucht werden. Mit einem Programm wollen wir einige a_n für verschiedene a_0 und n berechnen, z.B. a_{10}, a_{50}, a_{100}, a_{1000} für $a_0 = 1$ oder $a_0 = 1,5$.

Wir nennen eine Zahlenfolge der obigen Art *rekursiv:* Das Folgenglied wird aus den vorhergehenden Folgengliedern – hier a_{n-1} – berechnet. Dagegen ist z.B. $a_n = n(1 + n^2)$ keine rekursive Zahlenfolge. Hier kann a_n sofort für jede Zahl $n \in \mathbb{N}$ *ohne* Kenntnis der vorhergehenden Folgenglieder ausgerechnet werden. Rekursive Zahlenfolgen haben wir bereits früher bei der iterativen Berechnung der Quadratwurzel (s. 2.6.) oder der Summe der Quadratzahlen (s. 2.3.) oder der Funktionswerte einer quadratischen Funktion (s. 2.4.) kennengelernt.

Bei der Berechnung des Folgengliedes a_n für ein gegebenes n müssen wir dafür sorgen, daß die Rechnung gestoppt wird, sobald n erreicht ist. Andernfalls muß nach der obigen Rekursionsformel das nächste Folgenglied berechnet werden. Setzen wir $a_{n-1} = a_0$ und $a_n = a_1$, so kann das *Flußdiagramm* folgendermaßen aussehen:

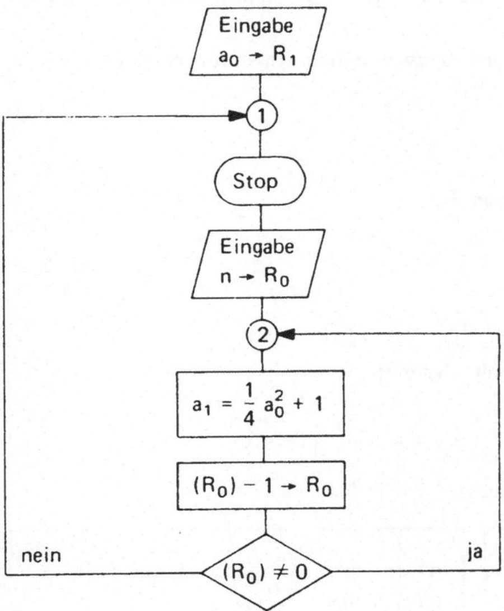

Sehen wir uns im Flußdiagramm die Verzweigung und die vorausgehende Anweisung noch einmal genauer an.

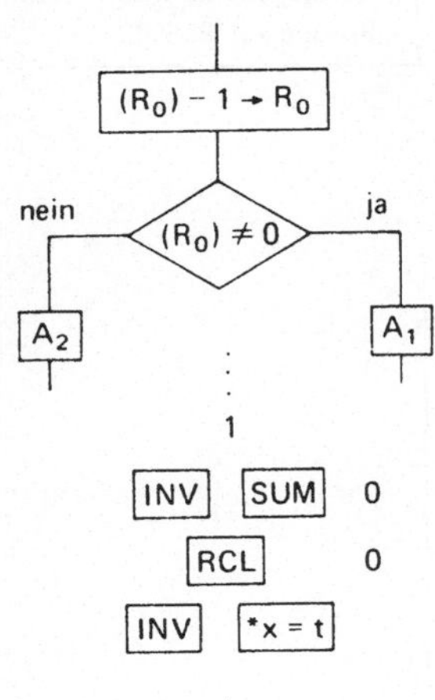

Der Inhalt des Speichers R_0 wird um 1 vermindert. Es stehen also der Reihe nach in R_0 die Zahlen:

$$n, \quad n-1, \quad n-2, \ldots, \quad 3, \quad 2, \quad 1, \quad 0.$$

Ist der Inhalt von R_0 *nicht* Null, so findet eine Verzweigung nach der PSS n m statt, in der die Anweisung A_1 steht. Andernfalls wird das Programm mit der Anweisung A_2 fortgesetzt.

Die Programmfolge für diesen Ausschnitt ist nebenstehend (mit $(T) = 0$) angegeben.

Diese Programmschritte können vom Rechner mit *einer* Anweisung erfaßt werden.

Die Anweisung $\boxed{\text{*Dsz}}$ (Decrement and Skip on Zero) bewirkt:

1. Verminderung des Inhalts des Speichers R_0 um 1.
2. Ist der Inhalt von R_0 ungleich Null, so wird die unmittelbar auf $\boxed{\text{*Dsz}}$ folgende Anweisung ausgeführt, sonst wird diese Anweisung übergangen.

Mit $\boxed{\text{INV}}$ $\boxed{\text{*Dsz}}$ wird entsprechend für $(R_0) = 0$ die unmittelbar folgende Anweisung ausgeführt.

$\boxed{\text{*Dsz}}$ oder $\boxed{\text{INV}}$ $\boxed{\text{*Dsz}}$ darf in eine unvollständige Operation gesetzt werden.

Wir werden bei den folgenden Aufgaben stets

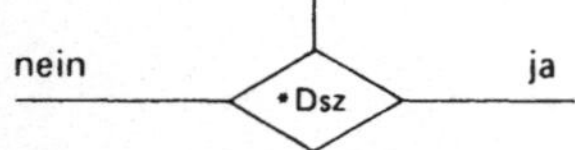

statt des obigen Flußdiagrammausschnitts benutzen.

Das Programm für unser Beispiel lautet:

PSS	Taste	Bemerkungen
00	STO 1	$a_0 \to R_1$
01	*LBL 1	
02	R/S	Eingabe n
03	STO 0	$n \to R_0$
04	RCL 1	$a_0 \to AR$
05	*LBL 2	
06	x^2	

PSS	Taste	Bemerkungen
07	÷	Berechnung
08	4	von a_1
09	+	
10	1	
11	=	
12	*Dsz	$(R_0) - 1 \to R_0 \wedge (R_0) \neq 0$?
13	GTO 2	Sprung auf PSS 06
14	GTO 1	Sprung auf PSS 02

Benutzeranleitung:

Berechnung einer Folge
1. Programm eintasten.
2. Vor der Eingabe eines neuen Wertes a_0 muß das BAR mit $\boxed{\text{RST}}$ auf 00 gestellt werden.

Speicherplan		Eingabe	Taste	Anzeige
0	n	a_0	R/S	–
1	a_0	n	R/S	a_n
		n	R/S	a_n
		...	usw.	...

In der folgenden Tabelle sind die Werte a_n für einige a_0 und n angegeben[1]. Bei dieser Aufgabe haben wir außerdem die Zeit gestoppt, die der Rechner von der Eingabe von n und dem Betätigen der Taste $\boxed{R/S}$ bis zur Anzeige des Ergebnisses benötigt. Bei der Iterationsrechnung werden in einer Rechenschleife 3 Rechenoperationen durchgeführt, d.h. wir kommen auf etwa 7 bis 8 Rechenoperationen pro Sekunde. Auf etwa diese Zahl kommt man bei anderen Tests ebenfalls. Natürlich wird für das Speichern und die Sprunganweisung auch noch Zeit benötigt, so daß die Anzahl der Rechenoperationen pro Sekunde größer als 7 bis 8 ist.

a_0	n	a_n	Rechenzeit [s]
1	10	1,7414901	4,2
	50	1,9295757	20
	100	1,9627700	40
	1000	1,9960383	396
1,5	10	1,7883696	4,2
	50	1,9334180	20
	100	1,9638635	40
	1000	1,9960509	397
	2000	1,9980135	795
2	10	2	4,2
	50	2	20
	100	2	39

Bemerkung: Führen Sie mit dem obigen Programm die Rechnung für $a_0 = 1$ und $n = 9,5$ durch. Sie kommen auf den oben angegebenen Wert a_{10}. Geben Sie auch einmal ein: $n = 0,5$. oder $n = -0,5$ oder $n = -10$ oder $n = -9,1$. Bei diesen n-Werten sollten wir eigentlich eine Fehlermeldung durch Blinken erwarten! Tatsächlich arbeitet die Anweisung $\boxed{\text{*Dsz}}$ für nicht-natürliche Zahlen so: Bei $\boxed{\text{*Dsz}}$ ersetzt der Rechner intern den Inhalt des Speichers R_0 durch die kleinste natürliche Zahl, die größer oder gleich $|(R_0)|$ ist. Für diese Zahl wird die Verminderung um 1 und Sprung bei $(R_0) \neq 0$ durchgeführt.

Beispiel: Berechnung von

$$s = \sum_{k=1}^{n} \left(a_k + \frac{2}{1 + |a_k|} \right) \quad \text{und} \quad b = \frac{s}{1 + \sqrt{n}}$$

für gegebene Werte n und a_k ($k \in \mathbb{N}_n$). Nach der letzten eingegebenen Zahl sollen s und b nacheinander vom Rechner ausgegeben werden.

---

[1] Für mathematisch Interessierte: Die Zahlenfolge (a_n) ist konvergent mit dem Grenzwert 2 für $|a_0| \leq 2$, dagegen divergent für $|a_0| > 2$. Geben Sie z.B. $a_0 = 2,1$ oder $a_0 = 3$ ein und beobachten Sie, was der Rechner macht.

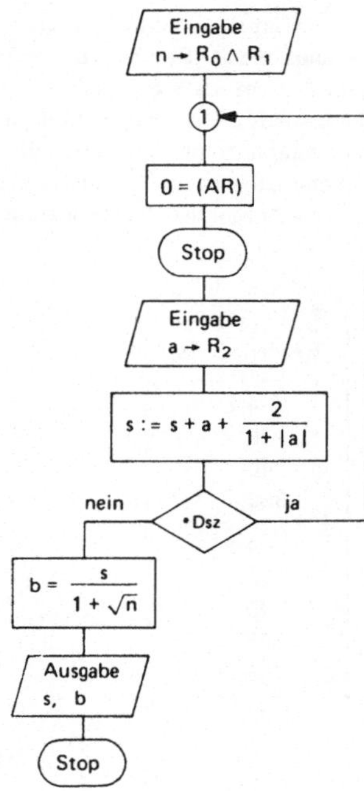

Programm:

PSS	Taste
00	STO 0
01	STO 1
02	•LBL 1
03	0
04	R/S
05	STO 2
06	+

07	2
08	÷
09	(
10	1
11	+
12	RCL 2
13	•|x|
14	)

15	=
16	SUM 3
17	•Dsz
18	GTO 1
19	RCL 3
20	R/S
21	÷
22	(

23	1
24	+
25	RCL 1
26	√x
27	)
28	=
29	R/S
30	RST

Benutzeranleitung:

Berechnung einer Summe			
1. Programm eintasten.			
2. Vor der Eingabe des nächsten a-Wertes erscheint im AR eine Null.			

Speicherplan		Eingabe	Taste	Anzeige
0	n, ..., 0	–	INV •C.t	–
1	n	n	R/S	0
2	a	a_1	R/S	0
3	s	a_2	R/S	0
		...	...	...
		a_n	R/S	s
		–	R/S	b

Um das Programm zu testen, setzen wir $a_k = 1$ und z.B. $n = 9$. Dann wird $s = 2n = 18$

und $b = \dfrac{2n}{1 + \sqrt{n}} = 4{,}5$.

Zahlenbeispiel: $n = 7$

a_k	1,5	− 3,2	4,6	5,2	2,2	− 1,9	1

Ergebnis: $s = 13{,}671$ und $b = 3{,}750$.

In dem folgenden Beispiel treten neben Verzweigungs- auch ‚Umordnungsprobleme' auf,
die erfahrungsgemäß dem Anfänger häufig Schwierigkeiten bereiten.

Beispiel: Von den n (positiven) Zahlen

$$a_k = \sqrt{k} + \sin \frac{\pi k}{n} \qquad (k \in \mathbb{N}_n)$$

sollen die größte Zahl $a_{max} = \text{Max}\,(a_1, a_2, \ldots, a_n)$ und $b = \dfrac{a_{max}}{n}$ berechnet und nacheinander angezeigt werden.

Nehmen wir einmal an, wir haben von den Zahlen $a_1, a_2, \ldots, a_{k-1}$ die größte — kurz Max
genannt — bereits im T-Speicher stehen. Dann müssen wir die nächste Zahl a_k mit Max
vergleichen und *nicht* austauschen, falls $a_k < \text{Max}$ ist. Andernfalls nehmen wir einen Austausch vor und führen den nächsten Vergleich mit a_{k+1} durch. Dieses führen wir solange
durch, bis der letzte Wert a_n mit dem bis dahin größten Wert verglichen wurde. Danach
bringen wir $a_{max} = (T)$ ins AR zur Anzeige. Wir erhalten somit das folgende

Flußdiagramm:

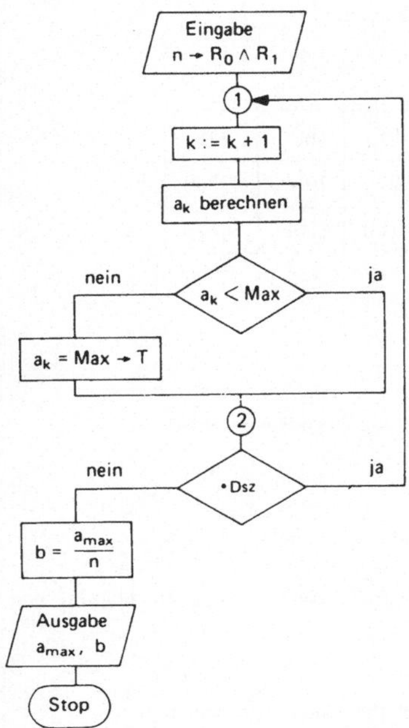

Das Programm lautet:

PSS	Taste
00	STO 0
01	STO 1
02	*LBL 1
03	1
04	SUM 2
05	RCL 2
06	x

07	*π
08	$\div$
09	RCL 1
10	=
11	*sin
12	+
13	RCL 2
14	$\sqrt{x}$

15	=
16	INV *x $\geq$ t
17	GTO 2
18	x ◣ t
19	*LBL 2
20	*Dsz
21	GTO 1
22	x ◣ t

23	R/S
24	$\div$
25	RCL 1
26	=
27	R/S
28	RST
29	
30	

Benutzeranleitung:

Größtes Folgenglied einer Zahlenfolge			
1. Programm eintasten. 2. Mit |*Rad| Bogenmaß einstellen.			
Speicherplan	Eingabe	Taste	Anzeige
T a_{max}	—	INV *C.t	—
0 n,...,0	n	R/S	a_{max}
1 n	—	R/S	b
2 k	n	R/S	a_{max}
	—	R/S	b
	...	usw.	...

Zahlenbeispiel (mit $\boxed{*\text{Fix}}$ 3) [1]:

n	5	10	20	30	40	50	60
a_{max}	2,683	3,455	4,588	5,506	6,325	7,071	7,746
b	0,537	0,345	0,229	0,184	0,158	0,141	0,129

3.5. Übungsaufgaben

3.1. Berechnen Sie für $x \in \{0,5; \ 4; \ 1; \ 2; \ 0; \ 3\}$ die Werte der Funktion

$$y = \begin{cases} \dfrac{x^2}{4} & \text{für } \ 0 \leq x \leq 2 \ ; \\[2ex] \dfrac{2x-1}{x+1} & \text{für } \ 2 \leq x \ . \end{cases}$$

(*Zusatz:* Die Eingabe eines negativen (nicht zulässigen) x-Wertes soll der Rechner durch Blinken anzeigen.)

---

[1] Für mathematisch Interessierte: Für $n \geq 40$ erhält man stets $a_{max} = \sqrt{n}$ und $b = \dfrac{1}{\sqrt{n}}$.

3.2. Berechnen Sie

$$s = \sum_{k=1}^{n}{}' (a_k + c)\, b_k^2, \qquad r = \sqrt{c^2 + \sqrt{s}}, \qquad p = \frac{c\,s}{1 + n}$$

für $n = 6$; $c = 1{,}9$ und

a_k	2,9	7,3	$-4{,}7$	0,87	$-3{,}6$	2,9
b_k	5,1	$-4{,}9$	6,3	1,23	4,1	$-5{,}1$

3.3. Von der Folge

$$a_n = \frac{3}{a_{n-1}} + \frac{\sqrt{a_{n-1}}}{n+1} \qquad (n \in \mathbb{N})$$

sind die Folgenglieder a_5, a_{20}, a_{100} für $a_0 = 1, 2, 10$ zu berechnen.

3.4. Berechnen Sie die Zahl π aus den Reihendarstellungen

a) $\dfrac{\pi}{4} = 1 - \dfrac{1}{3} + \dfrac{1}{5} - \dfrac{1}{7} + \ldots + \dfrac{(-1)^{n+1}}{2n-1} + \ldots$

b) $\dfrac{\pi}{6} = \dfrac{1}{2} + \dfrac{1}{2} \cdot \dfrac{1}{3 \cdot 2^3} + \dfrac{1 \cdot 3}{2 \cdot 4} \cdot \dfrac{1}{5 \cdot 2^5} + \ldots + \dfrac{1 \cdot 3 \cdot \ldots \cdot (2n-1)}{2 \cdot 4 \cdot \ldots \cdot (2n)} \cdot \dfrac{1}{(2n+1) \cdot 2^{2n+1}} + \ldots$

Der Rechner soll die Rechnung solange fortsetzen, bis der neu berechnete Summenwert sich vom vorhergehenden um weniger als ϵ unterscheidet. Wählen Sie z. B. für a) $\epsilon = 0{,}01$ und für b) $\epsilon = 0{,}000001$. (Von den obigen Reihen konvergiert die erste sehr schlecht. Sie ist aber einfach zu programmieren, während die zweite Reihe schon einige Programmier fähigkeit voraussetzt. Versuchen Sie hier, für den Summenwert und für das Reihenglied Rekursionsformeln aufzustellen.)

3.5. Berechnen Sie für $m \in \mathbb{N}_n$ die Summenwerte

$$s_m = \sum_{k=1}^{m}{}' \frac{2{,}1 + b_k^2}{0{,}8 + b_k} \quad \text{für } b_k \leq a \text{ und den Zahlenwert } c = \frac{a + \sqrt{s_n}}{n}.$$

Zahlenbeispiel: $n = 6$; $a = 3{,}5$;

b_k	4,72	2,83	1,46	5,90	3,50	3,14

(*Hinweis:* $\sum_{k=1}^{m}{}' a_k$ für $a_k \leq a$ bedeutet, daß a_k nur dann zum Summenwert zu addieren ist, wenn $a_k \leq a$ ist. Für $a_k > a$ bleibt der alte Summenwert erhalten.)

3.6. Was wird vom Rechner im folgenden Programm durchgeführt?

PSS	Taste
00	STO 0
01	*LBL 8
02	RCL 0
03	x
04	2
05	−
06	1

07	=
08	x^2
09	SUM 1
10	*Dsz
11	GTO 8
12	RCL 1
13	R/S
14	

4. Unterprogramme

Aufeinanderfolgende Anweisungen treten häufig in derselben Reihenfolge in einem
Programm an mehreren Stellen auf. In diesen Fällen erscheint es sinnvoll, diese Anweisungen zusammenzufassen und auf Abruf an der betreffenden Stelle im Programm
ausführen zu lassen. Wir nennen eine solche Folge von Anweisungen ein **Unterprogramm**
(UP), das gesamte Programm jetzt auch das Hauptprogramm. Schematisch können wir
das eben Beschriebene so darstellen:

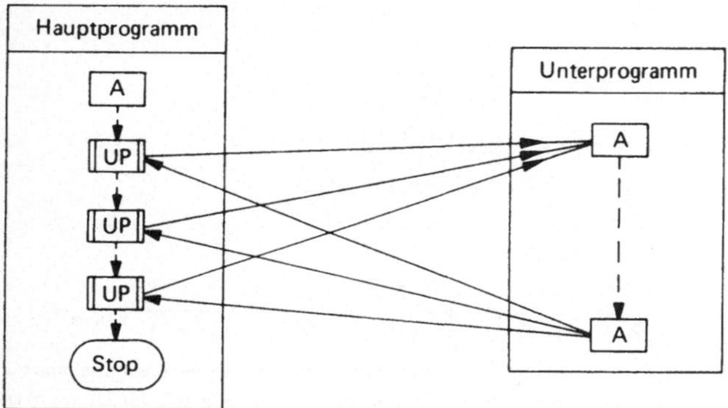

Das Symbol ⬚ für ein Unterprogramm werden wir auch im Flußdiagramm benutzen.
Wie erreichen wir das Verlassen des Hauptprogramms und die Rückkehr? Hier gilt:

Mit der Anweisung $\boxed{\text{SBR}}$ n (Subroutine) wird in einem Programm
mit der auf $\boxed{\text{*LBL}}$ n folgenden Anweisung fortgefahren.
Mit $\boxed{\text{INV}}$ $\boxed{\text{SBR}}$ wird die Rückkehr an *die* PSS angeordnet,
die auf $\boxed{\text{SBR}}$ n folgt.

Wichtig: $\boxed{\text{SBR}}$ n und $\boxed{\text{INV}}$ $\boxed{\text{SBR}}$ benötigen jeweils eine PSS.

4.1. Unterprogramme zur Berechnung von Funktionswerten

Wir zeigen die Wirkungsweise von Unterprogrammen am besten am

Beispiel: Es sollen die Funktionswerte

$$y = \sinh x - \frac{1}{3}\sinh\frac{x}{2} + \frac{1}{5}\sinh\frac{x}{3} - \frac{1}{7}\sinh\frac{x}{4}$$

für vorgegebene x-Werte berechnet werden.

Die hyperbolischen Funktionen lassen sich beim TI-57 nicht durch einfachen Tasten-druck (was nichts anderes als der Aufruf zur Durchführung eines Unterprogramms ist) ermitteln. Wir müssen daher auf die Definitionsgleichung

$$\sinh x = \frac{1}{2}\,(e^x - e^{-x}) \qquad \text{zurückgehen.}$$

Flußdiagramm:

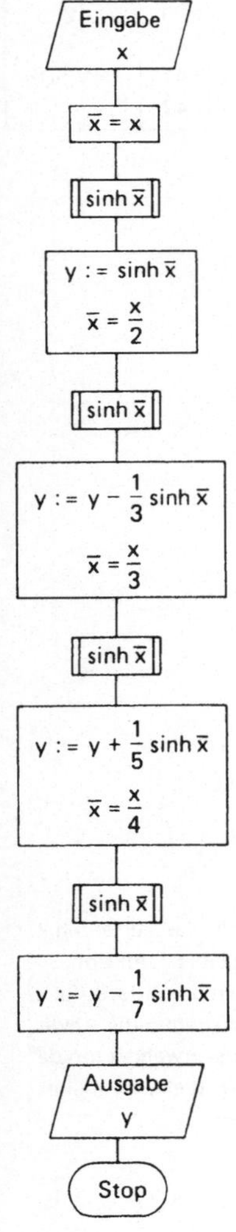

$\boxed{\sinh \overline{x}}$ bedeutet hier:

Berechne den Wert der hyperbolischen Sinusfunktion für den jeweiligen $\overline{x}$-Wert, der z.B. im AR oder in einem Speicher R_n zu finden ist. Der $\overline{x}$-Wert ist bei dieser Aufgabe der Reihe nach:

$$x, \quad \frac{x}{2}, \quad \frac{x}{3}, \quad \frac{x}{4}.$$ Steht der $\overline{x}$-Wert im AR, so lautet

das Programm zur Berechnung von $\sinh \overline{x}$:

Dieses Unterprogramm wird 4-mal im Hauptprogramm aufgerufen und durchgeführt.

Das gesamte Programm sieht folgendermaßen aus:

PSS	Taste
00	STO 1
01	SBR 0
02	STO 2
03	RCL 1
04	÷
05	2
06	=
07	SBR 0
08	÷
09	3

10	=
11	INV SUM 2
12	RCL 1
13	÷
14	3
15	=
16	SBR 0
17	÷
18	5
19	=
20	SUM 2

21	RCL 1
22	÷
23	4
24	=
25	SBR 0
26	÷
27	7
28	=
29	INV SUM 2
30	RCL 2
31	R/S

32	RST
33	*LBL 0
34	INV ln x
35	–
36	1/x
37	=
38	÷
39	2
40	=
41	INV SBR
42	

Benutzeranleitung:

Berechnung von Funktionswerten			
Speicherplan	Eingabe	Taste	Anzeige
1 x	x	R/S	y
2 y	x	R/S	y
	...	usw.	...

Zahlenbeispiel (auf 3 Nachkommastellen):

x	0	0,4	0,8	1,0	1,5	2
y	0	0,356	0,776	1,033	1,905	3,304

Sehr häufig werden Unterprogramme in der folgenden Art benutzt. Für das Verfahren zur
allgemeinen Lösung eines Problems (z. B. Berechnung des Maximums einer Funktion
$y = f(x)$) existiert ein Programm. Wollen wir dieses in einem besonderen Fall (z. B. für
$f(x) = 3 + 2x - x^3$) anwenden, so brauchen wir nur über ein Unterprogramm die Anweisungen zur Berechnung der Funktionswerte hinzuzufügen. Der Arbeitsaufwand kann dadurch erheblich gesenkt werden[1]. Zur Erläuterung geben wir zwei Beispiele, die in ähn-
licher Form später bei den Anwendungen wiederholt auftreten werden.

---

[1] Dieses gilt natürlich ganz besonders für programmierbare Taschenrechner, bei denen statt der
manuellen Eingabe ein fertiges Programm mit einer Magnetkarte eingelesen werden kann.

Beispiel: Es soll ein Programm zur Berechnung der Summenwerte

$$s_k = \sum_{j=1}^{k} a_j \quad \text{und} \quad b_n = \frac{1}{n} \sum_{k=1}^{n} s_k = \frac{1}{n} \sum_{k=1}^{n} \sum_{j=1}^{k} a_j$$

geschrieben werden. Angezeigt werden sollen nacheinander s_n und b_n. Die Berechnung der a_k soll über ein Unterprogramm erfolgen.

Nennen wir $\displaystyle\sum_{j=1}^{k} s_j = S_k$, so sieht das Rechenschema folgendermaßen aus:

$s_1 = a_1;$ $\qquad\qquad\qquad\qquad$ $S_1 = s_1;$

$s_2 = a_1 + a_2 = s_1 + a_2;$ $\qquad\quad$ $S_2 = s_1 + s_2 = S_1 + s_2;$

$s_3 = a_1 + a_2 + a_3 = s_2 + a_3;$ $\qquad$ $S_3 = s_1 + s_2 + s_3 = S_2 + s_3 \quad$ usw.

Allgemein erhalten wir die Rekursionsformeln

$$s_k = s_{k-1} + a_k \quad \text{und} \quad S_k = S_{k-1} + s_k$$

oder in der Programmierschreibweise mit dem ‚Ergibt-Zeichen'

$$s := s + a \quad \text{und} \quad S := S + s.$$

Wir entwickeln zunächst das *Flußdiagramm:*

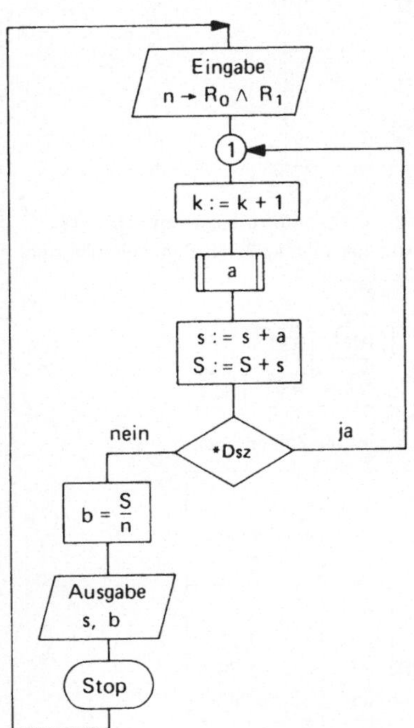

Das Programm lautet:

PSS	Taste
00	STO 0
01	STO 1
02	*LBL 1
03	1
04	SUM 2
05	SBR 0

06	SUM 3
07	RCL 3
08	SUM 4
09	*Dsz
10	GTO 1
11	R/S
12	RCL 4

13	÷
14	RCL 1
15	=
16	R/S
17	RST
18	*LBL 0
19	

Benutzeranleitung:

Berechnen von Summenwerten

1. Programm eintasten.
2. $\boxed{\text{GTO}}$ 0 $\boxed{\text{LRN}}$ betätigen.
3. Programm zur Berechnung der a_k eintasten (maximal 30 Programmschritte). Der Index k steht im Speicher R_2. Tastenfolge mit $\boxed{\text{INV}}$ $\boxed{\text{SBR}}$ abschließen und mit $\boxed{\text{LRN}}$ $\boxed{\text{RST}}$ in die Betriebsart RECHNEN schalten.

Speicherplan		Eingabe	Taste	Anzeige
0	n, ..., 0	–	INV *C.t	–
1	n	n	R/S	s_n
2	k	–	R/S	b_n
3	s	–	INV *C.t	–
4	S	n	R/S	s_n
		...	usw.	...

Wir zeigen an drei Beispielen für a_k, wie wir das Programm zu benutzen haben. Wir schreiben jeweils die Tastenfolge für die Eingabe nach Punkt 3. der Benutzeranleitung.

a) $a_k = 1$:   1 $\boxed{\text{INV}}$ $\boxed{\text{SBR}}$ $\boxed{\text{LRN}}$ $\boxed{\text{RST}}$

b) $a_k = k$: $\boxed{\text{RCL}}$ 2 $\boxed{\text{INV}}$ $\boxed{\text{SBR}}$ $\boxed{\text{LRN}}$ $\boxed{\text{RST}}$

c) $a_k = \dfrac{1}{k}$: $\boxed{\text{RCL}}$ 2 $\boxed{\text{1/x}}$ $\boxed{\text{INV}}$ $\boxed{\text{SBR}}$ $\boxed{\text{LRN}}$ $\boxed{\text{RST}}$

Die Durchführung der Rechnung für einige n ergibt die Zahlentabelle

n	$a_k = 1$		$a_k = k$		$a_k = \dfrac{1}{k}$	
	s_n	b_n	s_n	b_n	s_n	b_n
1	1	1	1	1	1	1
2	2	1,5	3	2	1,5	1,25
5	5	3	15	7	2,283333	1,74
10	10	5,5	55	22	2,928968	2,221865

Im Fall a) können wir die Rechnung leicht ohne Rechner durchführen.

$$s_k = \sum_{j=1}^{k} 1 = k \quad \text{und} \quad b_n = \frac{1}{n} \sum_{k=1}^{n} k = \frac{1}{n} \cdot \frac{n(n+1)}{2} = \frac{n+1}{2}.$$ Beim Testen eines aufgestellten

Programms ist es sehr wichtig, wenn bekannte Fälle mit dem Programm durchgerechnet werden. Auf diese Art werden häufig Fehler entdeckt.[1]

Sind die Folgenglieder a_k nicht nach einem analytischen Bildungsgesetz, sondern numerisch gegeben, so wird die Tastenfolge besonders einfach:

| R/S | | INV | | SBR | | LRN | | RST | .

Nach dem Aufruf durch das Unterprogramm stoppt der Rechner, um uns Zeit für die Eingabe des a_k-Wertes zu lassen.

Beispiel: Für eine Funktion $y = f(x)$ soll der Mittelwert

$$y_m = \frac{1}{5}\left[f(x-h) + 3f(x) + f(x+h)\right]$$

für gegebene Werte x und h berechnet werden. Das Programm soll mit einem Unterprogramm zur Berechnung der Funktionswerte $y = f(x)$ geschrieben werden.

Flußdiagramm:

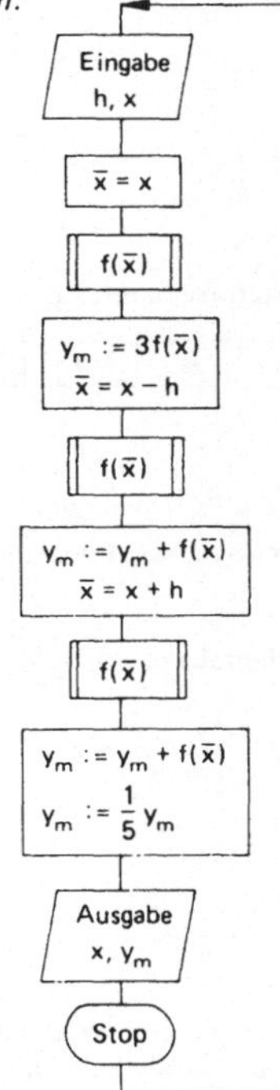

Programm
(Speicherplan s. Benutzeranleitung):

PSS	Taste
00	STO 2
01	R/S
02	STO 1
03	SBR 1
04	×
05	3
06	=
07	SUM 3
08	RCL 1
09	−
10	RCL 2
11	=
12	SBR 1
13	SUM 3
14	RCL 1
15	+
16	RCL 2
17	=
18	SBR 1
19	SUM 3
20	RCL 1
21	R/S
22	RCL 3
23	÷
24	5
25	=
26	R/S
27	RST
28	*LBL 1

---

[1] Für mathematisch Interessierte: Auch im Fall b) können wir die Ergebnisse formelmäßig angeben. Versuchen Sie, die Formeln $s_n = \dfrac{n(n+1)}{2}$ und $b_n = \dfrac{(n+1)(n+2)}{6}$ zu bestätigen.

Mittelwertberechnung
1. Programm eintasten.
2. $\boxed{\text{GTO}}$ 1 $\boxed{\text{LRN}}$ betätigen.
3. Programm zur Berechnung der Funktionswerte $y = f(x)$ eintasten (maximal 20 Programmschritte). Der jeweilige x-Wert steht im AR. Tastenfolge mit $\boxed{\text{INV}}$ $\boxed{\text{SBR}}$ abschließen und mit $\boxed{\text{LRN}}$ $\boxed{\text{RST}}$ in die Betriebsart RECHNEN schalten.

Speicherplan		Eingabe	Taste	Anzeige
1	x	–	INV *C.t	--
2	h	h	R/S	–
3	y_m	x	R/S	x
		---	R/S	y_m
		–	INV *C.t	–
		h	R/S	–
		...	usw.	...

Wir testen das Programm mit den beiden Funktionen

a) $f(x) = 1$: 1 $\boxed{\text{INV}}$ $\boxed{\text{SBR}}$ $\boxed{\text{LRN}}$ $\boxed{\text{RST}}$

   Anzeige: x und $y_m = 1$.

b) $f(x) = 2x$: $\boxed{\times}$ 2 $\boxed{=}$ $\boxed{\text{INV}}$ $\boxed{\text{SBR}}$ $\boxed{\text{LRN}}$ $\boxed{\text{RST}}$

   Anzeige: x und $y_m = 2x$.

Für die Funktion $f(x) = \sqrt{x} \, \ln(1 + x^2)$ geben wir als Unterprogramm ein:

$\boxed{\text{STO}}$ 4 $\boxed{\sqrt{x}}$ $\boxed{\times}$ $\boxed{(}$ 1 $\boxed{+}$ $\boxed{\text{RCL}}$ 4 $\boxed{x^2}$ $\boxed{)}$ $\boxed{\ln x}$ $\boxed{=}$ $\boxed{\text{INV}}$ $\boxed{\text{SBR}}$
$\boxed{\text{LRN}}$ $\boxed{\text{RST}}$

Hier müssen wir den Wert $x = (AR)$ zunächst speichern $(x \to R_4)$, weil wir ihn später bei x^2 erneut benötigen. Der Wert, für den $f(x)$ berechnet werden soll, steht *nur* im AR, in R_1 steht ein anderer Wert.

Für die obige Funktion erhalten wir z.B. die folgende Zahlentabelle (mit $\boxed{*\text{Fix}}$ 5):

h	0,5	1	0,1
x	1	2	3
y_m	0,73616	2,30192	3,98811

Bemerkungen über Unterprogramme

1) Wann lohnen sich Unterprogramme? Zunächst einmal sicherlich immer dann, wenn Programme von der Art der letzten beiden Beispiele häufiger mit wechselnden Funktionen auftreten. Haben wir dagegen ein Problem nur einmal zu behandeln, so werden sich Unterprogramme als Zusammenfassung von Anweisungsfolgen nur lohnen, wenn diese genügend oft auftreten oder hinreichend lang sind. Treten in einem Programm n Programmschritte in gleicher Reihenfolge k mal auf, so sind dieses kn Programmschritte. Mit einem Unter-

programm würden sich insgesamt k + n + 2 Programmschritte ergeben. Die 2 tritt wegen
[*LBL] n und [INV] [SBR] (2 Programmspeicherplätze) auf. Wir sparen somit bei der
Benutzung von Unterprogrammen Speicherplätze im Falle

$k + n + 2 < kn$.

In der folgenden Tabelle stellen wir einige Ergebnisse über die Anzahl der Programmschritte mit oder ohne Unterprogramm zusammen.

k	n	ohne UP	mit UP
2	7	14	11
	8	16	12
	9	18	13
	10	20	14
3	5	15	10
	6	18	11
	7	21	12
	8	24	13
4	4	16	10
	5	20	11
	6	24	12
	7	28	13

k	n	ohne UP	mit UP
5	4	20	11
	5	25	12
	6	30	13
6	4	24	12
	5	30	13
7	4	28	13
	5	35	14
8	4	32	14
	5	40	15

2) Darf mit [GTO] in ein Unterprogramm gesprungen werden? Die Antwort lautet: **Nein!**
Der Sprung in ein Unterprogramm wird zwar ausgeführt und auch die folgenden Anweisungen bis [INV] [SBR] , dann aber stoppt der Rechner. Es findet keine Rückkehr ins Hauptprogramm statt.

00	GTO 0
01	SBR 1
02	+
03	4
04	=
05	R/S
06	*LBL 1

07	1
08	+
09	*LBL 0
10	2
11	=
12	INV SBR
13	RST

Sehen Sie sich dazu das nebenstehende Programm
an. Überlegen Sie, was Ihr Rechner nach Betätigen
der Taste [R/S] anzeigen wird. Überprüfen Sie die
Richtigkeit Ihrer Voraussage. Stellen Sie dagegen
das BAR mit [GTO] [2nd] 01 auf die PSS 01
und betätigen [R/S] , dann wird die Anweisung
[INV] [SBR] ausgeführt und Sie erhalten in der
Anzeige 7.

00	SBR 0
01	+
02	4
03	=
04	*LBL 0

05	1
06	+
07	2
08	=
09	INV SBR

Untersuchen Sie das nebenstehende Programm.
Der Rechner zeigt hier das Ergebnis 3 an. Es sieht
so aus, als hätte er den [INV] [SBR] -Befehl nicht
ausgeführt. Wenn Sie aber das Programm mit [SST]
in der Betriebsart RECHNEN durchgehen, dann
erscheint zunächst 1 + 2 + 4 = 7, danach erst
wieder 1 + 2 = 3. Erst beim 2. Erreichen von
[INV] [SBR] stoppt der Rechner.

3) Darf mit $\boxed{\text{GTO}}$ oder einer Vergleichsanweisung aus einem Unterprogramm zurück ins Hauptprogramm gesprungen werden? Die Antwort lautet: **Ja!**

00	SBR 1	08	+
01	+	09	3
02	5	10	=
03	=	11	*x ≥ t
04	*LBL 0	12	GTO 0
05	R/S	13	√x
06	*LBL 1	14	=
07	1	15	INV SBR

Im nebenstehenden Programm werden nach Aufruf des Unterprogramms durch $\boxed{\text{SBR}}$ 1 die Anweisungen ab der PSS 07 ausgeführt, also zunächst $1 + 3 = 4$. Diese Zahl wird durch die Anweisung in der PSS 11 mit dem Wert im T-Speicher verglichen. Ist $4 \geq (T)$, so wird die Anweisung in der PSS 05 ausgeführt, der Rechner stoppt und zeigt 4 an. Für $4 < (T)$ wird mit $\boxed{\sqrt{x}}$ in der PSS 13 fortgefahren. Auch hier stoppt das Programm an der PSS 05, zeigt jetzt aber
$$\sqrt{4} + 5 = 7 \text{ an.}$$

4) Vorsicht ist in einem Unterprogramm bei der Benutzung der $\boxed{=}$-Anweisung geboten, die in eine unvollständige Operation gesetzt wurde.

00	RCL 1	07	RCL 2
01	+	08	=
02	SBR 0	09	÷
03	R/S	10	RCL 2
04	*LBL 0	11	=
05	1	12	INV SBR
06	+		

Nehmen wir an, $z = y + f(x)$ mit $f(x) = \frac{1+x}{x}$ soll berechnet werden. Schreiben wir das Programm in der nebenstehenden Form und geben $y = 1 \to R_1$ und $x = 2 \to R_2$ ein, so zeigt der Rechner den Wert 2 an. Es beträgt aber $z = 1 + \frac{3}{2} = 2,5$. Der Fehler ist hier leicht zu erkennen. Nach dem Programm wird gerechnet $1 + 1 + 2 = 4$ und $\frac{4}{2} = 2$. Das $\boxed{=}$-Zeichen im Unterprogramm schließt die im Hauptprogramm stehende unvollständige Operation ab. Das Programm zur richtigen Berechnung von z muß z.B. $1 \boxed{+} \boxed{\text{RCL}} 2$ in Klammern setzen und $\boxed{=}$ in der PSS 08 löschen.

4.2. Unterprogramme als Zusammenfassung einer Folge gleicher Anweisungen

Bisher haben wir Unterprogramme verwendet, um mit ihnen Funktionswerte zu berechnen. Sie könnten auch als selbständige Programme benutzt werden. Unterprogramme können aber auch ganz anders zustandekommen. Sehen wir uns dazu noch einmal das Beispiel der Zinsberechnung in 3.3. an. Die PSS 11 bis 14, 18 bis 21 und 25 bis 28 bestehen aus einer Folge gleicher Anweisungen. Diese können wir ebenfalls zu einem Unterprogramm zusammenfassen. Die Anweisungen von der PSS 05 bis 07 können wir einbeziehen, wenn wir die 1 im Vorwege in den Datenspeicher R_6 bringen. Berechnen wir die auf dieses Unterprogramm folgenden Zahlen 2, 3, 4 im T-Speicher noch durch die Folge $1 \boxed{\text{SUM}} 7$ $(R_7 = T)$ so schließt sich $\boxed{x \blacktriangleright t}$ des früheren Programms ebenfalls an die bisherige Anweisungsfolge an.

Das Programm zur Zinsberechnung lautet somit:

PSS	Taste						
00	STO 0	10	RCL 4	21	RCL 6	32	R/S
01	1	11	SBR 0	22	INV y^x	33	*LBL 0
02	STO 6	12	÷	23	RCL 5	34	*Prd 6
03	x ⇄ t	13	0	24	−	35	RCL 5
04	RCL 1	14	=	25	1	36	*x = t
05	SBR 0	15	*LBL 6	26	=	37	GTO 6
06	RCL 2	16	RCL 0	27	x	38	1
07	SBR 0	17	x	28	1	39	SUM 7
08	RCL 3	18	RCL 6	29	0	40	INV SBR
09	SBR 0	19	=	30	0	41	
		20	R/S	31	=	42	

Der Versuch, auch RCL noch in das Unterprogramm zu nehmen, mißlingt leider. In der Anweisung RCL n dürfen RCL und n **nicht** getrennt werden. Ebenso ist es natürlich bei STO n, SUM n usw. Mit dem obigen Unterprogramm haben wir das Programm aus 3.3. von 50 Programmschritten auf 41 reduzieren können. Der Gewinn von 9 Programmspeicherplätzen kann von Bedeutung sein, wenn man in die Nähe von 50 kommt. Überprüfen Sie selbst, ob Sie mit diesem Programm auf dieselben Werte wie die in der Tabelle in 3.3. kommen.

Ein weiteres Beispiel zu Unterprogrammen dieser Art finden Sie im nächsten Abschnitt.

4.3. Unterprogramme höherer Stufe

Zuweilen treten in einem Unterprogramm Anweisungsfolgen auf, die wir ebenfalls als Unterprogramme auffassen können. Schematisch dargestellt sieht dieses folgendermaßen aus:

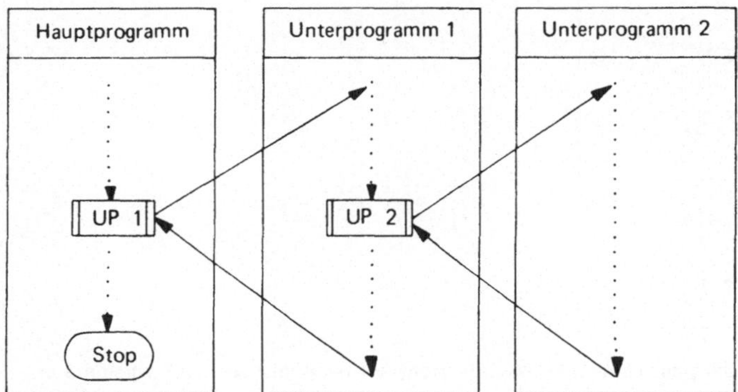

Wir nennen das UP 2 ein Unterprogramm 2. Stufe. Der TI-57 kann Unterprogramme bis
zur 2. Stufe in richtiger Reihenfolge verarbeiten. Die Programmierung sieht in diesen
Fällen genauso aus wie bei den Unterprogrammen 1. Stufe. Jedes Unterprogramm wird
durch $\boxed{\text{SBR}}$ n aufgerufen und mit $\boxed{\text{INV}}$ $\boxed{\text{SBR}}$ abgeschlossen.

Beispiel: Es soll ein Programm zur Berechnung der Summe

$$s = \sum_{k=1}^{5} c_k\, f(x_k) \quad \text{mit} \quad x_k = x_1 + (k-1)\, h \quad (k \in \mathbb{N}_5)$$

für eine beliebige Funktion $f(x)$ und beliebige Konstanten c_k, die sich in den Speichern R_k
befinden mögen, geschrieben werden.

Für den gestrichelt eingerahmten Ausschnitt des *Flußdiagramms* sind die Anweisungen
unten rechts angegeben (Speicherplan s. Benutzeranleitung).

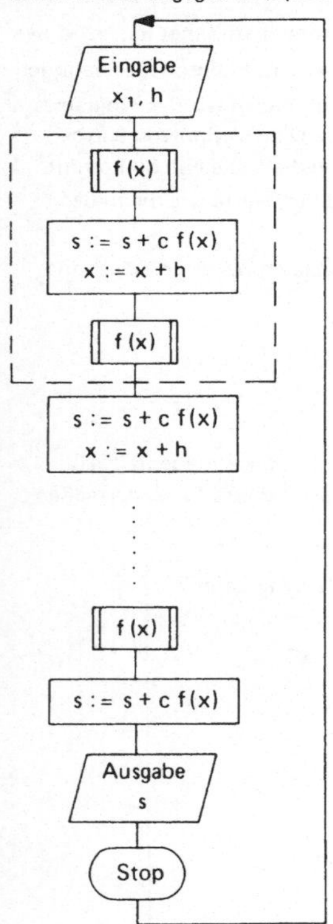

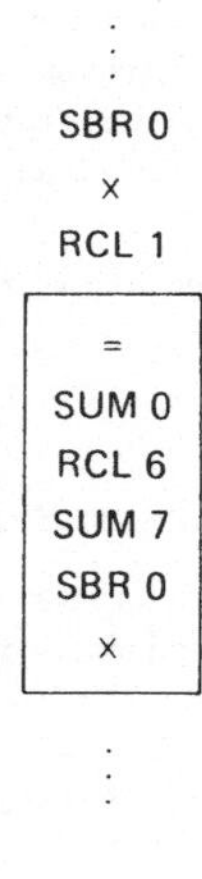

Die im Rechteck eingeschlossene Anweisungsfolge erscheint im gesamten Programm vier-
mal. Wir schreiben sie daher als ein Unterprogramm, das $\boxed{\text{SBR}}$ 0 zur Berechnung
von $f(x)$ als Unterprogramm 2. Stufe enthält. Summieren wir das erste Mal noch 0 in
den Speicher R_0 und sorgen dafür, daß vor Beginn der Rechnung $x_1 - h$ in R_7 steht,
so können wir auch beim ersten Mal $\boxed{\boxed{f(x)}}$ in das Unterprogramm hineinnehmen. Damit
lautet das Programm zur Summenberechnung:

PSS	Taste
00	STO 7
01	R/S
02	STO 6
03	INV SUM 7
04	0
05	STO 0
06	SBR 1

PSS	Taste
07	RCL 1
08	SBR 1
09	RCL 2
10	SBR 1
11	RCL 3
12	SBR 1
13	RCL 4
14	SBR 1

PSS	Taste
15	RCL 5
16	=
17	SUM 0
18	RCL 0
19	R/S
20	RST
21	*LBL 1
22	=

PSS	Taste
23	SUM 0
24	RCL 6
25	SUM 7
26	SBR 0
27	x
28	INV SBR
29	*LBL 0
30	

Berechnung der Summe $s = \sum_{k=1}^{5} c_k\, f(x_k)$

1. Programm eintasten.
2. |GTO| 0 |LRN| betätigen.
3. Programm zur Berechnung der Funktionswerte $f(x)$
   eintasten (maximal 20 Programmschritte). Der x-Wert
   steht im Speicher R_7. Tastenfolge mit |INV| |SBR|
   abschließen und mit |LRN| |RST| in die Betriebsart
   RECHNEN schalten.

Speicherplan		Eingabe	Taste	Anzeige
0	s	c_1	STO 1	–
1	c_1	c_2	STO 2	–
2	c_2	c_3	STO 3	–
3	c_3	c_4	STO 4	–
4	c_4	c_5	STO 5	–
5	c_5	x_1	R/S	–
6	h	h	R/S	s
7	x	x_1	R/S	–
		h	usw.	…

Wir testen das Programm mit

a) $c_k = k$, $f(x) = 1$, x_1 und h beliebig: $s = \sum_{k=1}^{5} k = 15$;

b) $c_k = \dfrac{1}{k}$, $f(x) = x^3$, $x_1 = 1$, $h = 1$: $s = \sum_{k=1}^{5} \dfrac{1}{k} \cdot k^3 = 55$.

Nach erfolgreichem Test berechnen wir s für

$$f(x) = \sqrt{1 + \sin^2 \frac{\pi x}{3}} + e^{-x}, \quad c = (c_k) = (1; -2; 1,5; 2; -1)$$

$x_1 = 0$ und $h = 0,25$.

Tastenfolge für $f(x)$: $\boxed{\text{RCL}}$ 7 $\boxed{\times}$ $\boxed{*\pi}$ $\boxed{\div}$ 3 $\boxed{=}$ $\boxed{*\sin}$ $\boxed{x^2}$ $\boxed{+}$ 1 $\boxed{=}$ $\boxed{\sqrt{x}}$
$\boxed{+}$ $\boxed{\text{RCL}}$ 7 $\boxed{+/-}$ $\boxed{\text{INV}}$ $\boxed{\ln x}$ $\boxed{=}$

Vergessen Sie nicht die Taste $\boxed{*\text{Rad}}$!

Ergebnis: $s = 2.666\,811\,6$.

Bevor wir dieses Beispiel endgültig verlassen, wollen wir gestehen, daß nicht unbedingt ein UP 2. Stufe benutzt werden muß. Etwas einfacher und kürzer wird das Programm mit der Sprunganweisung $\boxed{*\text{Dsz}}$. Versuchen Sie es einmal! Sie müssen allerdings die Eingabe der c_k-Werte ändern.

4.4. Übungsaufgaben

4.1. Schreiben Sie ein Programm zur Berechnung des Summenwertes

$$s = \sum_{k=1}^{n} \left(1 + \frac{1}{2} a_k^2\right) \qquad \text{für beliebige } a_k .$$

Testen Sie das Programm mit a) $a_k = 1$ und b) $a_k = k$. Berechnen Sie mit dem Programm s auf 4 Nachkommastellen für $n = 6$ und

$$a_k = \frac{k}{1 + k^2} \, e^{-\frac{k}{10}} .$$

4.2. Für gegebene Zahlenpaare (x, y) sollen

$$z_1 = 2 \sqrt{x^2 + y^2} + \frac{1}{3} \sqrt{(x + 1)^2 + y^2} ,$$

$$z_2 = \sqrt{(x + 1)^2 + (y + 1)^2} + \ln (1 + \sqrt{(x + 1)^2 + y^2}) ,$$

$$z_3 = \sqrt{z_1^2 + z_2^2}$$

auf 3 Nachkommastellen berechnet werden. Zahlenbeispiel (die ersten Wertepaare dienen als Test):

x	0	0	-1	2,74	$-3,65$	0,468
y	0	1	1	1,28	2,83	$-0,702$

4.3. Schreiben Sie ein Programm zur Berechnung von

$$s = \sum_{k=1}^{n} a_k \left(1 + \frac{1}{n} b_k\right) \quad \text{und} \quad c = \frac{s}{n^2}$$

für beliebige a_k und b_k.

Testen Sie das Programm mit

a) $a_k = 1$ und $b_k = 1$ $(s = n + 1)$ und

b) $a_k = k$ und $b_k = k$ $\left(s = \dfrac{(n+1)(5n+1)}{6} \right)$.

Berechnen Sie nach erfolgreichem Test s und c für

$$a_k = \frac{1}{1 + e^{k/5}}, \quad b_k = \sin\frac{k\pi}{6} \quad \text{und} \quad n = 5, 10, 20 .$$

4.4. Schreiben Sie ein Programm zur Berechnung des Mittelwertes

$$y_m = \frac{1}{9} \left[f(x - h) + 2f\left(x - \frac{h}{2}\right) + 3f(x) + 2f\left(x + \frac{h}{2}\right) + f(x + h) \right]$$

für eine beliebige Funktion $f(x)$.

Testen Sie das Programm mit

a) $f(x) = 1$ und b) $f(x) = 2x$.

Berechnen Sie nach dem Test y_m für

$$f(x) = \frac{1}{1 + x^2} + \arcsin\sqrt{1 - x^2}$$

und die Wertepaare

$$(x; h) \in \{(0; 0,1), \quad (0,5; 0,5), \quad (-0,6; 0,25)\} .$$

4.5. Versuchen Sie herauszufinden, was mit dem folgenden Programm berechnet wird (nennen Sie $(R_1) = x$):

PSS	Taste
00	STO 1
01	0
02	SBR 0
03	INV ln x
04	SUM 2
05	1
06	+/−

07	SBR 0
08	$\sqrt{x}$
09	SUM 2
10	2
11	SBR 0
12	ln x
13	SUM 2
14	1

15	SBR 0
16	1/x
17	SUM 2
18	RCL 2
19	R/S
20	RST
21	*LBL 0
22	+

23	RCL 1
24	=
25	x^2
26	+
27	1
28	=
29	INV SBR
30	

II. Teil:
Programmbeispiele aus der Mathematik und Technik

In diesem II. Teil des Buches werden aus verschiedenen Gebieten einige Aufgaben zusammengestellt, die sich mit Hilfe eines programmierbaren Taschenrechners besonders gut lösen lassen. Beim Entwickeln eines Programms setzen wir die Kenntnis der im I. Teil dargestellten Programmiertechnik voraus. Die Abschnitte 6. und 7. wollen *keine* Programmsammlung irgendeines der behandelten Gebiete sein. Der Leser soll vielmehr anhand der aufgeführten Beispiele lernen, wie ein Problem mathematisch formuliert und in ein Programm umgesetzt werden kann. Mit einem formalen Eintasten eines fertigen Programms sollte sich *der* Leser, der das *Programmieren* lernen möchte, nicht zufrieden geben.

5. Beispiele aus der Mathematik

5.1. Zahlen

5.1.1. Pythagoräische Zahlentripel

(a, b, c) wird ein Pythagoräisches Zahlentripel genannt, wenn gilt:

$$a^2 + b^2 = c^2 \quad \text{und} \quad a, b, c \in \mathbb{N}.$$

a und b können als Längen der Katheten
und c als Länge der Hypotenuse in einem
rechtwinkligen Dreieck angesehen werden.
Bekannte Pythagoräische Zahlentripel sind
z.B. (3, 4, 5) oder (5, 12, 13).

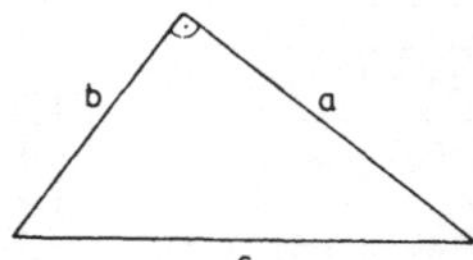

Für $a \in \mathbb{N}$ und $a > 2$ können b und c folgendermaßen berechnet werden[1]:

$$b = \begin{cases} \left(\dfrac{a}{2}\right)^2 - 1 \\[2mm] \dfrac{a^2 - 1}{2} \end{cases} \quad \text{und} \quad c = \begin{cases} \left(\dfrac{a}{2}\right)^2 + 1 = b + 2 & \text{für a gerade} \\[2mm] \dfrac{a^2 + 1}{2} = b + 1 & \text{für a ungerade}. \end{cases}$$

---

[1] Wir erhalten hiermit nicht *alle* Pythagoräischen Zahlentripel. Diese werden folgendermaßen berechne $a = n^2 - m^2$, $b = 2nm$, $c = n^2 + m^2$ mit $n, m \in \mathbb{N}$, $n > m$ und n, m nicht beide gerade und n, m nicht beide ungerade.

Das *Flußdiagramm* für unser Problem sieht sehr einfach aus:

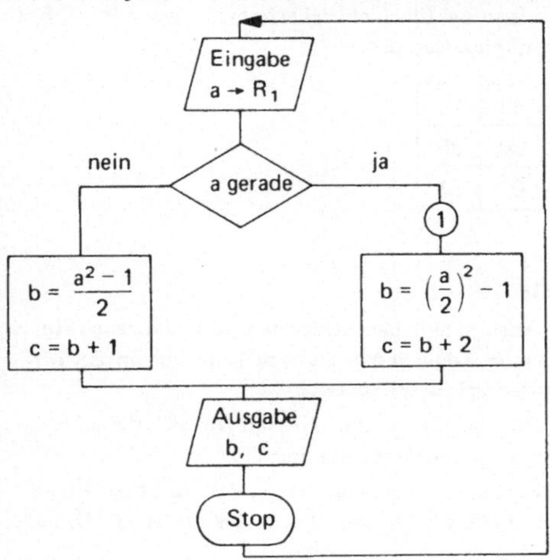

Für die Abfrage ‚a gerade' können wir die Funktionstaste $\boxed{\text{*Int}}$ (Integer) benutzen.
Es bedeutet:

Int(x) = größte ganze Zahl, deren Betrag kleiner oder gleich $|x|$ ist.
Oder: Int(x) löscht die Nachkommaziffern der Zahl im AR.

Zum Beispiel Int(4,74) = 4, Int(5) = 5, Int(− 2,32) = − 2.

Mit $\boxed{\text{INV}}$ $\boxed{\text{*Int}}$ werden die Nachkommastellen (einschließlich Vorzeichen) der Zahl
im AR angezeigt, der ganzzahlige Teil der Zahl wird gelöscht.
Zum Beispiel INV Int(15,784) = 0,784, INV Int$(\frac{15}{7})$ = 0,1428571,
INV Int(− 3,048) = − 0,048.

Zurück zu der gestellten Aufgabe. ‚a gerade' bedeutet, daß a ohne Rest durch 2 teilbar ist.
Ist a ungerade, so bleibt bei Division durch 2 ein Rest. ‚a gerade' können wir daher auch
so formulieren: $\frac{a}{2} - \text{int}(\frac{a}{2}) = 0$. Damit lautet unser Programm:

PSS	Taste								
00	STO 1	09	x^2	19	=	29	1
01	÷	10	−	20	R/S	30	=
02	2	11	1	21	RST	31	R/S
03	−	12	=	22	*LBL 1	32	+
04	*Int	13	÷	23	RCL 1	33	2
05	=	14	2	24	÷	34	=
06	*x = t	15	=	25	2	35	R/S
07	GTO 1	16	R/S	26	=	36	RST
08	RCL 1	17	+	27	x^2	37	
		18	1	28	−	38	

Eingabe: a $\boxed{\text{R/S}}$;

Ausgabe: b $\boxed{\text{R/S}}$ c.

Führen wir mit diesem Programm die Rechnung durch für a = 3, 4, 5, ..., 12, so erhalten wir die folgenden Pythagoräischen Zahlentripel (die nicht teilerfremden, wie z.B. (6, 8, 1(haben wir dabei ausgesondert und nicht mit angegeben):

a	3	5	7	8	9	11	12
b	4	12	24	15	40	60	35
c	5	13	25	17	41	61	37

5.1.2. Größter gemeinsamer Teiler

Als größten gemeinsamen Teiler der beiden natürlichen Zahlen n und m (kurz: ggT (n, m bezeichnet man die größte Zahl, die sowohl Teiler von n als auch Teiler von m ist. Wir wollen ein Programm zur Berechnung des ggT (n, m) schreiben.

Für $n > m$ gilt offensichtlich ggT (n, m) = ggT (n − m, m). Hiermit läßt sich der größte gemeinsame Teiler nach dem *Euklidischen Algorithmus* so ermitteln:

m wird sooft von n subtrahiert, bis ein Rest $r_1 < m$ bleibt. Ist $r_1 = 0$, so ist ggT (n, m) = Für $r_1 \neq 0$ wird r_1 sooft von m subtrahiert, bis ein Rest $r_2 < r_1$ bleibt. Ist $r_2 = 0$, so is ggT (n, m) = r_1 usw.

Zur Erläuterung diene das folgende Beispiel für n = 84 und m = 35: $84 - 35 = 49 > 35$, $49 - 35 = 14 < 35$, $35 - 14 = 21 > 14$, $21 - 14 = 7 < 14$, $14 - 7 = 7 < 14$, $7 - 7 = 0$, also ggT (84, 35) = 7.

Wir stellen zunächst ein *Flußdiagramm* auf:

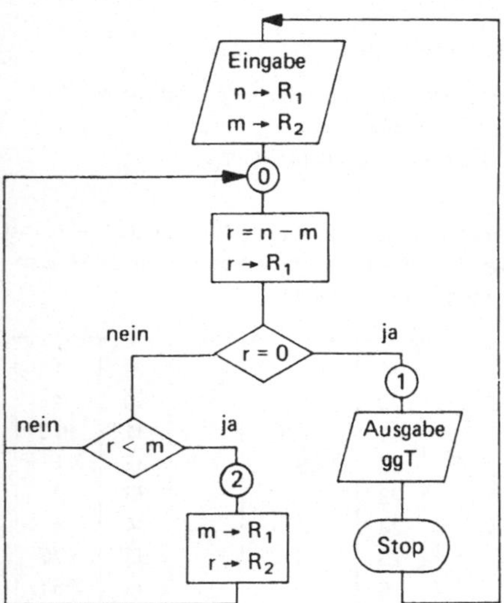

Für $m \to R_1$ und $r \to R_2$ hätten wir auch schreiben können: n := m und m := r. Wir haben es hier mit einem Vertauschungsproblem zu tun. Im obigen Zahlenbeispiel hätten wir nach der 2. Subtraktion auch n := 35 und m := 14 setzen und für diese Zahlen nach dem Euklidischen Algorithmus den ggT ermitteln können.

Das Programm zur Berechnung des ggT (n, m) lautet:

PSS	Taste							
00	STO 1	07	–	15	x ⮀ t	23	GTO 0
01	R/S	08	RCL 2	16	INV *x ≧ t	24	*LBL 1
02	STO 2	09	=	17	GTO 2	25	RCL 2
03	*LBL 0	10	STO 1	18	GTO 0	26	R/S
04	0	11	*x = t	19	*LBL 2	27	RST
05	x ⮀ t	12	GTO 1	20	RCL 1	28	
06	RCL 1	13	x ⮀ t	21	*Exc 2	29	
		14	RCL 2	22	STO 1	30	

Eingabe: n $\boxed{\text{R/S}}$ m $\boxed{\text{R/S}}$.

Ausgabe: ggT (n, m).

Zahlenbeispiele:

n	m	ggT
84	35	7
20	12	4
374	231	11
452	184	4
1023	581	1
7803	2046	3
95139	54033	93

5.1.3. Binomialkoeffizienten

Die Binomialkoeffizienten sind definiert durch

$$a_{n,k} = \binom{n}{k} = \begin{cases} \dfrac{n(n-1) \cdot \ldots \cdot (n-k+1)}{1 \cdot 2 \cdot 3 \cdot \ldots \cdot k} & \text{für } k \in \mathbb{N}\,; \\[2mm] 1 & \text{für } k = 0\,. \end{cases}$$

Zur Berechnung der $a_{n,k}$ benutzen

wir die Rekursionsformel

$$a_{n,k} = \frac{n}{k}\, a_{n-1,\,k-1}$$

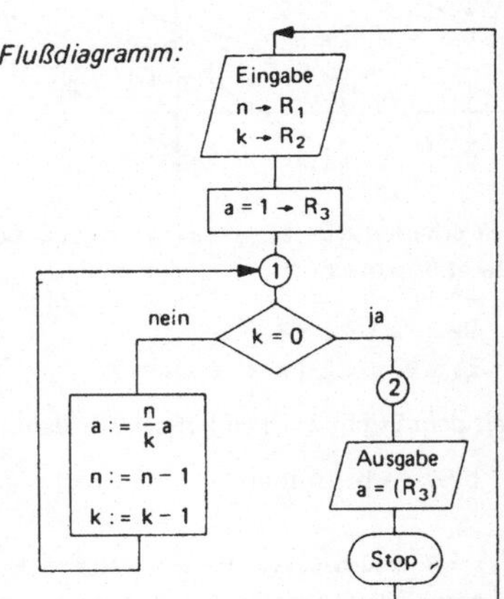

Flußdiagramm:

Programm:

PSS	Taste
00	*C.t
01	STO 1
02	R/S
03	STO 2
04	1
05	STO 3

06	*LBL 1
07	RCL 2
08	*x = t
09	GTO 2
10	1/x
11	×
12	RCL 1

13	=
14	*Prd 3
15	1
16	+/−
17	SUM 1
18	SUM 2
19	GTO 1

20	*LBL 2
21	RCL 3
22	R/S
23	RST
24	
25	
26	

Eingabe: n $\boxed{\text{R/S}}$ k $\boxed{\text{R/S}}$

Ausgabe: $\binom{n}{k}$.

Berechnen Sie mit diesem Programm einige Binomialkoeffizienten. Zum Beispiel die Anzahl der Möglichkeiten beim Zahlenlotto (6 Gewinnzahlen werden aus 49 Zahlen ausgelost $\binom{49}{6}$ = 13983816.

5.2. Berechnung von Funktionswerten

5.2.1. Horner-Schema

Für ein Polynom n-ten Grades

$$y = P(x) = a_n x^n + a_{n-1} x^{n-1} + \ldots + a_1 x + a_0$$

lassen sich die Werte der Funktion und deren Ableitung

$$y' = P'(x) = n\, a_n x^n + (n-1)\, a_{n-1} x^{n-1} + \ldots + a_1$$

nach dem Horner-Schema berechnen [1]:

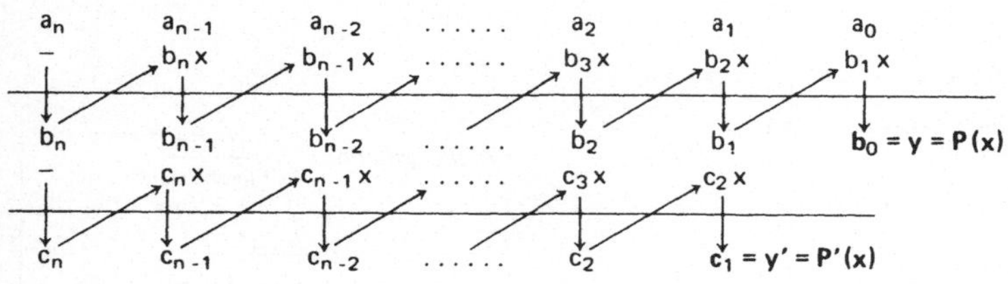

Wir erhalten z.B. $b_{n-2} = a_{n-2} + b_{n-1} x$ oder $c_{n-2} = b_{n-2} + c_{n-1} x$. Allgemein gilt die Iterationsvorschrift:

$$b_k = a_k + b_{k+1} x \;\land\; b_{n+1} = 0 \qquad (k \in \mathbb{N}_{0,n});$$
$$c_k = b_k + c_{k+1} x \;\land\; c_{n+1} = 0 \qquad (k \in \mathbb{N}_n).$$

Mit dem Ergibt-Zeichen können wir dafür auch schreiben:

$$b := a + b x \quad \text{und} \quad c := b + c x.$$

---

[1] s. z.B. Brauch/Dreyer/Haacke: Mathematik für Ingenieure, Teubner-Verlag 1977
   oder Collatz/Albrecht: Aufgaben aus der angewandten Mathematik, Vieweg-Verlag, 1972

Im *Flußdiagramm* und im Programm müssen wir beachten, daß die b-Werte $(n + 1)$-mal
(bis b_0) und die c-Werte n-mal (bis c_1) zu berechnen sind. Wir haben dieses durch die
Trennung der Bestimmung der b- und der c-Werte durch die Verzweigung erreicht.
Anfangs muß $(R_0) = n + 1$ gesetzt werden.

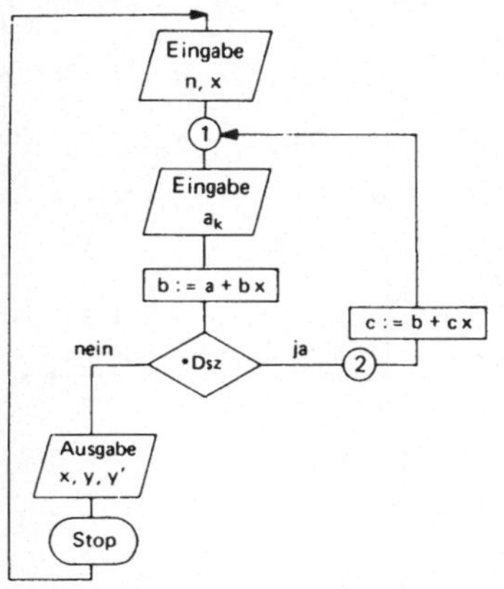

Bei häufigerer Anwendung des Horner-Schemas für dasselbe Polynom möchte man die
Koeffizienten a_k nicht für jede Berechnung neu eingeben. Das wäre zeitraubend, und die
Vorteile eines Programms gehen zum Teil verloren. Zweckmäßig wäre eine Speicherung
der a_k, damit sie für die Berechnung von y und y' für weitere x-Werte zur Verfügung
stehen. Von den Datenspeichern sind 4 mit n, x, b, c belegt, für die a_k bleiben somit
nur 4 übrig. D.h. wir können mit einem solchen Programm nur Polynome bis zum 3. Grad
einschließlich berechnen. Das folgende Programm geht *nicht* von einer Speicherung der
a-Werte aus, es ist also anwendbar auf Polynome von *beliebigem* Grad. (Überlegen Sie,
wie Sie ein Programm für $n \leq 3$ schreiben würden.)

PSS	Taste		PSS	Taste		PSS	Taste		PSS	Taste
00	+		07	R/S		15	GTO 2		23	*LBL 2
01	1		08	+		16	RCL 1		24	+
02	=		09	RCL 2		17	R/S		25	RCL 3
03	STO 0		10	x		18	RCL 2		26	x
04	R/S		11	RCL 1		19	R/S		27	RCL 1
05	STO 1		12	=		20	RCL 3		28	=
06	*LBL 1		13	STO 2		21	R/S		29	STO 3
			14	*Dsz		22	RST		30	GTO 1

Eingabe: $\boxed{\text{INV}}$ $\boxed{\text{*C.t}}$ n $\boxed{\text{R/S}}$ x $\boxed{\text{R/S}}$ a_n $\boxed{\text{R/S}}$ a_{n-1} $\boxed{\text{R/S}}$ … a_1 $\boxed{\text{R/S}}$ a_0 $\boxed{\text{R/S}}$;

Ausgabe: x $\boxed{\text{R/S}}$ y $\boxed{\text{R/S}}$ y'.

Beispiel: $y = 1{,}34\,x^4 - 2{,}26\,x^3 + 4{,}88\,x^2 + 3{,}69\,x - 2{,}43$

x	0	0,2	0,4	0,6	0,8	1,0	1,2
y	− 2,430	− 1,513	− 0,284	1,226	3,037	5,220	7,899
y'	3,690	5,414	6,852	8,263	9,903	12,030	14,901

5.2.2. Maximum einer Funktion

$y = f(x)$ sei eine im Intervall $x_0 = a \leq x \leq b$ stetige Funktion (s. Bild 5.2.1), deren Kurve im Punkt $P_0(x_0, y_0)$ einen positiven Anstieg besitzen soll. Wir setzen die Existenz eines Maximums dieser Funktion für $\bar{x} > x_0$ voraus:

$y_{max} = f(\bar{x})$. Zur Bestimmung von $\bar{x}$ und y_{max} können wir so vorgehen: Wir berechnen die Funktionswerte $y_k = f(x_k)$ für $x_k = x_0 + kh$ $(k \in \mathbb{N}_0)$ solange, bis der nächstfolgende y-Wert kleiner als der vorhergehende wird. Dieser vorletzte y-Wert ist dann eine Näherung für y_{max}. Die Güte dieses Näherungswertes hängt natürlich von der Schrittweite h ab. Zweckmäßig werden wir h zunächst nicht zu klein wählen, weil sonst unnötig viele Funktionswerte berechnet werden.

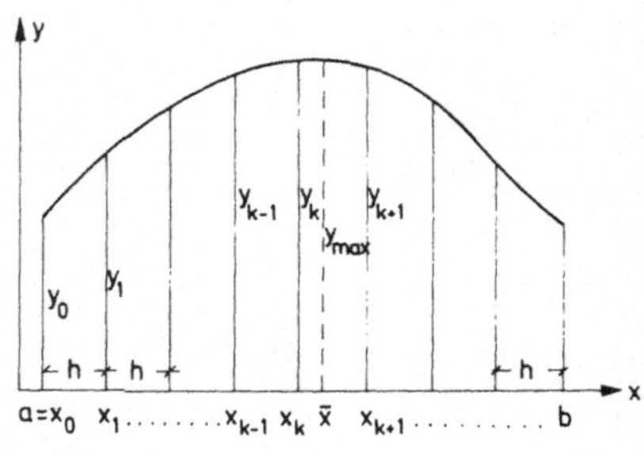

Bild 5.2.1

Gilt für eine Schrittweite h (s. Bild 5.2.1)

$$y_{k-1} \leq y_k \quad \text{und} \quad y_{k+1} < y_k \, ,$$

so können wir mit $x_0 := x_{k-1}$ und einem kleineren h die Rechnung wiederholen, bis schließlich eine gewünschte Genauigkeit der Werte $\bar{x}$ und y_{max} erreicht worden ist. Wir legen das Programm so an, daß es nach Ermittlung von Näherungswerten für $\bar{x}$ und y_{max} nur mit $\boxed{R/S}$ für $x_0 := x_{k-1}$ und $h := \frac{h}{10}$ erneut gestartet werden kann.

Im *Flußdiagramm* haben wir mit y_{max} den jeweils berechneten y-Wert bezeichnet, wenn dieser nicht kleiner als der vorhergehende y-Wert ist. Andernfalls legen wir mit der Anweisung $x := x - 2h$ die neue Ausgangsstelle $x_0 = x_{k-1}$ und mit $h := \frac{h}{10}$ die neue Schrittweite fest.

Um Speicherplätze zu sparen, nehmen wir die Eingabe von x_0 und h manuell vor (s. Benutzeranleitung).

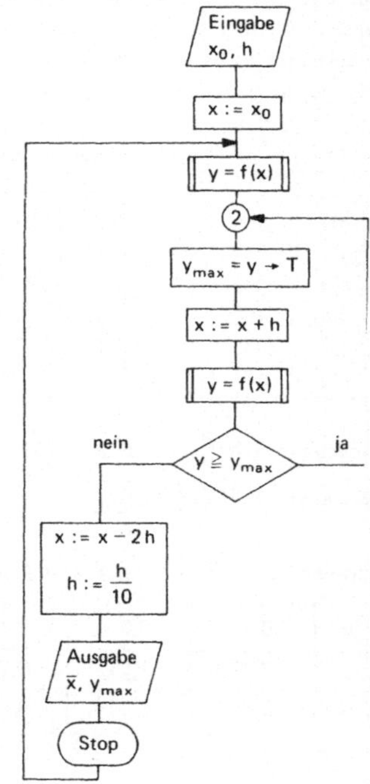

Das Programm lautet:

PSS	Taste
00	SBR 1
01	*LBL 2
02	x ⃗ t
03	RCL 1
04	SUM 0
05	SBR 1
06	*x ≧ t

07	GTO 2
08	RCL 1
09	INV SUM 0
10	INV SUM 0
11	+
12	RCL 0
13	=
14	R/S

15	.
16	1
17	*Prd 1
18	x ⃗ t
19	R/S
20	RST
21	*LBL 1
22	

Benutzeranleitung:

Maximum einer Funktion: $y_{max} = f(\bar{x})$

1. Programm eintasten.
2. [GTO] 1 [LRN] betätigen.
3. Programm zur Berechnung von $y = f(x)$ eintasten (maximal 28 Programmschritte). $x = (R_0)$. Tastenfolge mit [INV] [SBR] abschließen und mit [LRN] [RST] in die Betriebsart RECHNEN schalten.

Speicherplan		Eingabe	Taste	Anzeige
0	x	–	INV *C.t	–
1	h	x	STO 0	–
T	y_{max}	h	STO 1	–
		–	R/S	$\bar{x}$
		–	R/S	y_{max}
		–	R/S	$\bar{x}$
		...	usw.	...

Beispiel: $y = f(x) = 1,84\,x - x^2 + 1$.

Tastenfolge zur Berechnung von $f(x)$:

1.84 [x] [RCL] 0 [–] [RCL] 0 [x^2] [+] 1 [=] .

Mit $x_0 = 0$ und $h = 0,15$ erhalten wir auf 4 Nachkommastellen:

$\bar{x} = 0,9200$ und $y_{max} = 1,8464$.

Beispiel: Unter allen Flächen, die nach Bild 5.2.2 aus einem Kreis herausgeschnitten werden können, ist diejenige zu bestimmen, die einen größten Umfang besitzt.

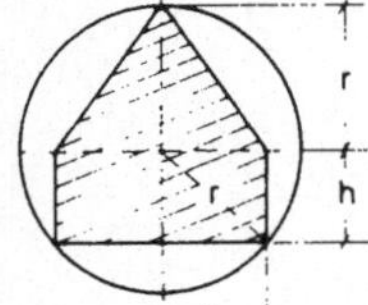

Bild 5.2.2

Zu berechnen sind $x = \dfrac{a}{r}$ und $y = \dfrac{h}{r}$ für U_{max}.

$U = 2a + 2h + 2\sqrt{r^2 + a^2}$ und $a^2 + h^2 = r^2$ ergeben mit $a = r\,x$

$$\frac{U}{2r} = f(x) = x + \sqrt{1 - x^2} + \sqrt{1 + x^2} \quad \text{für } 0 \leq x \leq 1.$$

Tastenfolge zur Berechnung von $f(x)$:

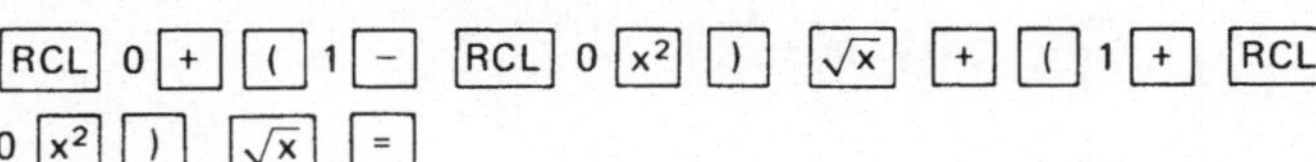

[RCL] 0 [+] [( ] 1 [–] [RCL] 0 [x^2] [ )] [$\sqrt{x}$] [+] [( ] 1 [+] [RCL]

0 [x^2] [ )] [$\sqrt{x}$] [=]

Nach Eingabe dieser Tastenfolge starten wir das Programm mit $x_0 = 0$ und $h = 0,1$ und erhalten nach einigen Iterationsschritten

$$x = \frac{a}{r} = 0,85517; \qquad \frac{U_{max}}{2r} = 2,68931; \qquad \frac{h}{r} = 0,51835.$$

(Wer übrigens diese Aufgabe mit Hilfe der Differentialrechnung über $f'(x) = 0$ lösen will, kommt auf eine Gleichung 4. Grades für x^2.)

5.2.3. Besselsche Funktionen

In der Technik (z. B. Schwingung einer Membran, Ausbreitung von Wellen) treten *Besselsc. Funktionen* [1] auf. Diese durch Differentialgleichungen definierten Funktionen lassen sich durch Potenzreihen oder bestimmte Integrale (s. 5.4.3.) darstellen. Wir wollen in diesem Abschnitt die Werte der Besselschen Funktion 0-ter Ordnung berechnen:

$$I_0(x) = 1 - \frac{1}{(1!)^2}\left(\frac{x}{2}\right)^2 + \frac{1}{(2!)^2}\left(\frac{x}{2}\right)^4 - \frac{1}{(3!)^2}\left(\frac{x}{2}\right)^6 + \frac{1}{(4!)^2}\left(\frac{x}{2}\right)^8 - + \ldots$$

Schreiben wir für das n-te Glied $(n \in \mathbb{N}_0)$ der Reihe

$$a_n = \frac{(-1)^n}{(n!)^2}\left(\frac{x}{2}\right)^{2n}, \text{ so können wir } a_n \text{ rekursiv aus } a_{n-1} = \frac{(-1)^{n-1}}{((n-1)!)^2}\left(\frac{x}{2}\right)^{2(n-1)} \text{ berechr}$$

$$a_n = -\left(\frac{x}{2n}\right)^2 \cdot a_{n-1} \quad \text{und} \quad a_0 = 1.$$

Ebenso berechnen wir die Teilsummen s_n der Reihe

$$I_0(x) = s = \sum_{k=0}^{\infty} a_k \text{ rekursiv: } s_n = s_{n-1} + a_n \text{ und } s_0 = 1.$$

Die Rechnung soll abgebrochen werden, wenn $|a_n| < \epsilon$ wird. Da die Reihe für $I_0(x)$ alternierend (die Glieder besitzen abwechselnde Vorzeichen) mit monoton abnehmenden Gliedern ($|a_n| < |a_{n-1}|$ für hinreichend große n) ist, haben wir damit auch $I_0(x)$ auf eine vorgegebene Genauigkeit ϵ bestimmt.

Flußdiagramm:

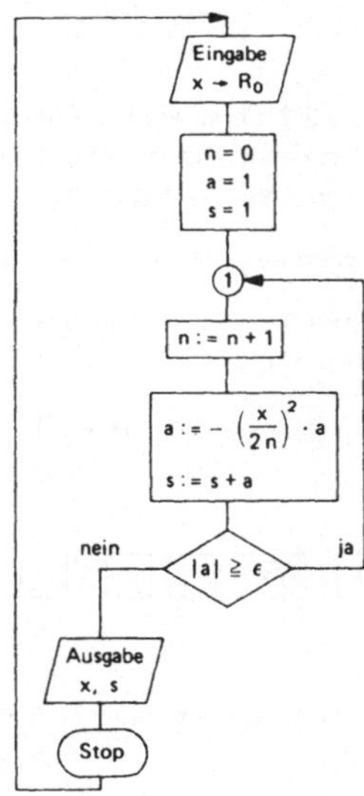

Speicherplan	
T	ε
0	x
1	a
2	s
3	n

---

[1] s. Smirnow: Lehrgang der Höheren Mathematik, Teil III, 2, Deutscher Verlag der Wissenschaften, 1971.

Für das folgende Programm geben wir keine Benutzeranleitung. Wir beachten nur die

Eingabe: ϵ |x ◢ t| , x |R/S|

Ausgabe: x |R/S| $I_0(x)$.

PSS	Taste
00	STO 0
01	0
02	STO 3
03	1
04	STO 1
05	STO 2
06	*LBL 1

07	1
08	SUM 3
09	RCL 0
10	÷
11	2
12	÷
13	RCL 3
14	=

15	x^2
16	+/−
17	*Prd 1
18	RCL 1
19	SUM 2
20	*|x|
21	*x ≧ t
22	GTO 1

23	RCL 0
24	R/S
25	RCL 2
26	R/S
27	RST
28	
29	
30	

Mit diesem Programm und $\epsilon = 0,000\,000\,1$, wurden die Werte der Tabelle 5.2.1 ermittelt.

Tabelle 5.2.1

0.000000	3.500000	7.000000
1.000000	−0.380128	0.300079
0.500000	4.000000	7.500000
0.938470	−0.397150	0.266340
1.000000	4.500000	8.000000
0.765198	−0.320543	0.171651
1.500000	5.000000	8.500000
0.511828	−0.177597	0.041939
2.000000	5.500000	9.000000
0.223891	−0.006844	−0.090334
2.500000	6.000000	9.500000
−0.048384	0.150645	−0.193929
3.000000	6.500000	10.000000
−0.260052	0.260095	−0.245936

5.3. Nullstellen von Funktionen (Gleichungen)

Unter einer Nullstelle der Funktion $y = f(x)$ oder einer Wurzel (Lösung) der Gleichung $f(x) = 0$ versteht man eine Zahl $\bar{x}$, für die $f(\bar{x}) = 0$ wird. Die Bestimmung einer Nullstelle ist häufig nicht in geschlossener Form, d.h. durch formelmäßiges Auflösen nach $\bar{x}$, möglich. Man ist daher gezwungen, ein Näherungsverfahren anzuwenden, mit dem die Nullstelle beliebig genau berechnet werden kann.

Wir geben zunächst zwei einfache Beispiele für Gleichungen, die zweckmäßig mit einem der weiter unten beschriebenen Verfahren gelöst werden.

Beispiel 1: Ein liegender Zylinder ($r = 1,20$ m; $l = 2,80$ m) wird mit $V = 4,5$ m^3 Oel gefüll
Zu bestimmen ist die Höhe h des Oelspiegels.

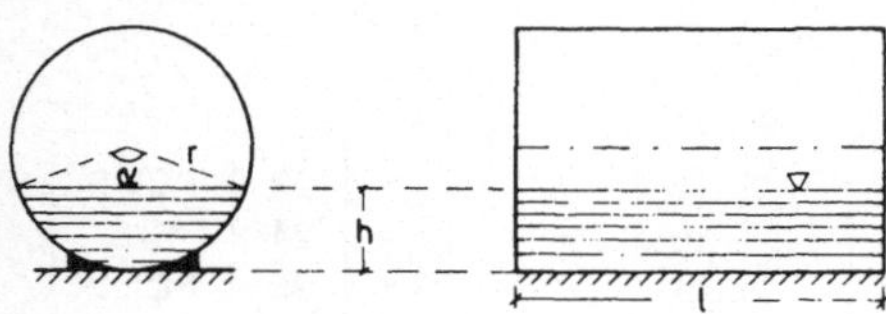

Es gilt (mit α im Bogenmaß):

$$\left(\frac{r^2}{2} \alpha - \frac{r^2}{2} \sin\alpha \right) l = V \quad \text{oder}$$

$$(1) \quad f(\alpha) = \alpha - \sin\alpha - \frac{2V}{r^2 l} = 0 \quad \text{und} \quad h = r\left(1 - \cos\frac{\alpha}{2} \right).$$

Diese (transzendente) Gleichung ist nicht formelmäßig lösbar.

Beispiel 2: Eine Kugel ($r = 246$ mm) aus Kork ($\rho = 0,28$ g/cm^3) schwimmt im Wasser ($\rho_w = 1,03$ g/cm^3). Gesucht ist die Eintauchtiefe h.

Nach dem Archimedischen Prinzip gilt:
Masse der Kugel = Masse der verdrängten Wassermenge.

Mit den Formeln für das Volumen einer Kugel und eines Kugelabschnitts wird

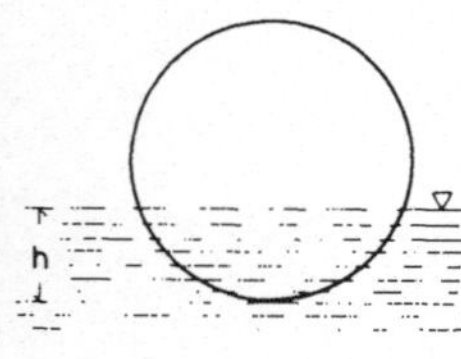

$$\rho \frac{4}{3} \pi r^3 = \rho_w \frac{\pi h^2}{3} (3r - h)$$

oder geordnet

$$h^3 - 3r h^2 + 4 \frac{\rho}{\rho_w} r^3 = 0.$$

Führen wir die dimensionslose Größe $x = \frac{h}{r}$ ein, so erhalten wir

$$(2) \quad f(x) = x^3 - 3x^2 + 4 \frac{\rho}{\rho_w} = 0.$$

Für diese kubische Gleichung gibt es zwar eine Lösungsformel (Cardanosche Formel),
doch ist diese im Aufbau so kompliziert, daß sie sich in der Praxis nicht bewährt hat.
Wir werden daher auch diese Gleichung mit einem Näherungsverfahren lösen.

5.3.1. Iterationsverfahren

Wir betrachten Gleichungen der Form

$$x = \varphi(x)$$

Die Gleichung $f(x) = 0$ läßt sich z.B. durch $x = x + c\, f(x) = \varphi(x)$ mit einer Konstanten
$c \neq 0$ oder auf andere Art stets auf die obige Form bringen.

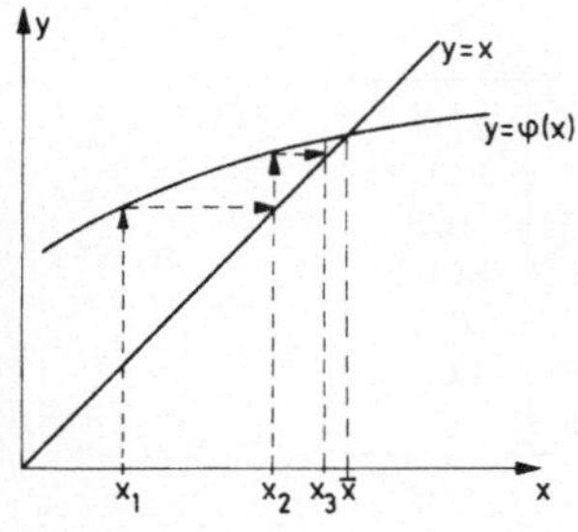

Bild 5.3.1

Graphisch können wir die Lösung der Gleichung $x = \varphi(x)$ als Abszissenwert $\bar{x}$ des Schnittpunkts der Kurven, deren Funktion $y = x$ oder $y = \varphi(x)$ lautet, deuten (s. Bild 5.3.1). Ist x_1 eine Näherung für $\bar{x}$, so wird unter gewissen Bedingungen $x_2 = \varphi(x_1)$ eine bessere Näherung für $\bar{x}$ als x_1 [1]. Wir wollen voraussetzen, daß die Folge $x_1, x_2, x_3, \ldots$, die durch die Iterationsvorschrift

$$x_{n+1} = \varphi(x_n) \qquad (n \in \mathbb{N})$$

festgelegt ist, gegen $\bar{x}$ konvergiert.

Bei der Berechnung der Folgenglieder soll solange iteriert werden, bis $|x_{n+1} - x_n| < \epsilon$ wird.

Wir wollen im Programm neben der Berechnung von $\bar{x}$ auch die Anzahl der Iterationsschritte zählen lassen.

Im *Flußdiagramm* setzen wir $x_1 := x_n$ und $x_2 := x_{n+1}$. Die Funktion $\varphi(x)$ soll über ein Unterprogramm aufgerufen werden.

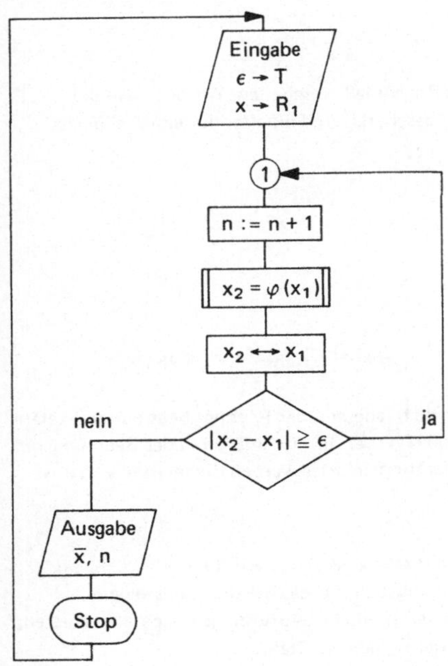

---

[1] Existenz-, Eindeutigkeits- oder Konvergenzfragen wollen wir hier nicht behandeln. Diese findet der Leser in den Büchern über numerische Mathematik.

Das Programm lautet:

PSS	Taste
00	STO 1
01	0
02	STO 2
03	*LBL 1
04	1
05	SUM 2

06	SBR 0
07	*Exc 1
08	−
09	RCL 1
10	=
11	*|x|
12	*x ≥ t

13	GTO 1
14	RCL 1
15	R/S
16	RCL 2
17	R/S
18	*LBL 0
19	

Eingabe: ϵ |x ◤ t| x_1 |R/S| ;

Ausgabe: $\bar{x}$ |R/S| n.

$\varphi(x)$ wird nach |GTO| 0 |LRN| eingegeben (maximal 31 Programmschritte).

Beispiel 1: Die Gleichung (1) schreiben wir

$$\alpha = \varphi(\alpha) = \sin\alpha + \frac{2\,V}{r^2\,l} \ .$$

$\frac{2\,V}{r^2\,l} = 2{,}23214$ geben wir in den Speicher R_3.

Die Tastenfolge zur Berechnung von $\varphi(\alpha)$ lautet:

|RCL| 1 |*sin| |+| |RCL| 3 |=| .

Vor der Rechnung ist mit |*Rad| auf das Bogenmaß zu schalten. Wir beginnen die
Iteration mit $\alpha_1 = 1{,}8$ ($\approx 100^\circ$, sehr grob geschätzt) und erhalten für einige ϵ-Werte
die folgenden Ergebnisse:

ϵ	α	n
0,1	2,7247	21
0,01	2,6742	42
0,001	2,6791	63
0,0001	2,6787	83
0,00001	2,6787	104

$$h = r\left(1 - \cos\frac{\alpha}{2}\right) = 0{,}925\ \text{m}\ .$$

Das Verfahren konvergiert hier außerordentlich langsam, der Rechner benötigt eine relativ
lange Rechenzeit (etwa 180 s für $\epsilon = 0{,}00001$). Aber die Durchführung der Rechnung ohne
programmierbaren Rechner für z.B. 104 Iterationsschritte würden die meisten von uns
wohl als Zumutung ansehen.

Beispiel 2: Die Gleichung (2) können wir auf sehr viele Arten auf die Form $x = \varphi(x)$
bringen. Wir wollen hier gleich das Ergebnis angeben, für das die Iterationsfolge
$x_{n+1} = \varphi(x_n)$ konvergiert. Der Leser möge selbst andere ‚Auflösungen nach x' probieren,
er wird sicherlich konvergente und divergente Folgen erhalten.
Wir lösen (2) nach x^2 auf und ziehen die Quadratwurzel:

$$x = \varphi(x) = \sqrt{\frac{x^3 + b}{3}} \quad \text{mit} \quad b = \frac{4\,\rho}{\rho_w} \to R_3 \ .$$

Mit der Tastenfolge für $\varphi(x)$

$\boxed{\text{RCL}}$ 1 $\boxed{y^x}$ 3 $\boxed{+}$ $\boxed{\text{RCL}}$ 3 $\boxed{=}$ $\boxed{\div}$ 3 $\boxed{=}$ $\boxed{\sqrt{x}}$

erhalten wir mit $x_1 = 1$:

ϵ	x	n
0,1	0,74560	2
0,01	0,68811	5
0,001	0,68573	7
0,0001	0,68545	9
0,00001	0,68542	11

$h = r\,x = 168,6$ mm.

5.3.2. Newtonsches Verfahren

Diesem Verfahren liegt die folgende geometrische Vorstellung zugrunde (s. Bild 5.3.2). Ist x_1 eine Näherung für die gesuchte Nullstelle $\overline{x}$ der Funktion $y = f(x)$, so ersetzen wir die Kurve dieser Funktion durch ihre Tangente im Punkt $P_1(x_1, y_1)$. Der Abszissenwert des Schnittpunkts dieser Tangente mit der x-Achse wird meistens eine bessere Näherung für $\overline{x}$ als x_1 sein. Mit

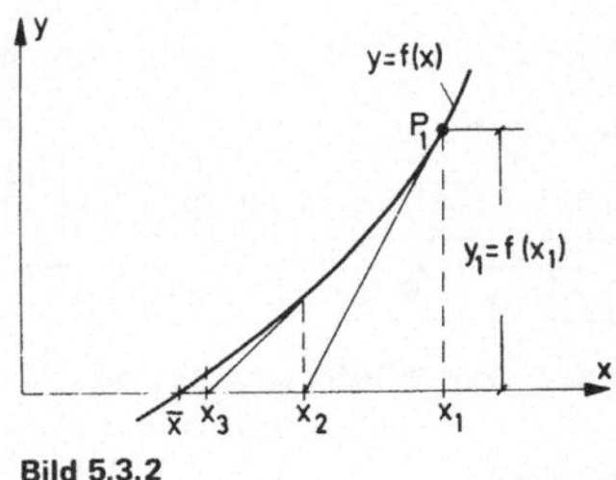

Bild 5.3.2

$$f'(x_1) = \frac{f(x_1)}{x_1 - x_2}$$ erhalten wir die Iterationsvorschrift

$$x_2 = x_1 - \frac{f(x_1)}{f'(x_1)}.$$

Wir iterieren wieder bis $|x_{n+1} - x_n| = \left|\dfrac{f(x_n)}{f'(x_n)}\right| < \epsilon$. Die Anzahl n der Iterationsschritte wollen wir ebenfalls berechnen. $f(x)$ und $f'(x)$ werden über ein Unterprogramm eingegeben.

Das Flußdiagramm für diese Aufgabe sieht ganz ähnlich wie beim Iterationsverfahren 5.3.1. aus. Wir wollen deshalb darauf verzichten, es hier aufzuzeichnen, und geben gleich das Programm an. Mit $\boxed{\text{SBR}}$ 1 werden $f(x)$ und $f'(x)$ berechnet und nach R_2 bzw. R_3 gespeichert.

PSS	Taste				
00	STO 1	07	RCL 2	15	GTO 2
01	0	08	$\div$	16	RCL 1
02	STO 0	09	RCL 3	17	R/S
03	*LBL 2	10	=	18	RCL 0
04	1	11	+/−	19	R/S
05	SUM 0	12	SUM 1	20	*LBL 1
06	SBR 1	13	*|x|	21	
		14	*x $\geq$ t	22	

Eingabe: ϵ $\boxed{\text{x} \blacktriangleright \text{t}}$ x_1 $\boxed{\text{R/S}}$;

Ausgabe: $\overline{x}$ $\boxed{\text{R/S}}$ n.

Beispiel 1: Mit

$$f(\alpha) = \alpha - \sin\alpha - \frac{2V}{r^2 l} \quad \text{wird} \quad f'(\alpha) = 1 - \cos\alpha.$$

Speichern wir $\frac{2V}{r^2 l}$ nach R_4, so wird die Tastenfolge für das Unterprogramm zur Berechnung von $f(\alpha)$ und $f'(\alpha)$:

$$\boxed{\text{RCL}} \; 1 \; \boxed{-} \; \boxed{*\sin} \; \boxed{-} \; \boxed{\text{RCL}} \; 4 \; \boxed{=} \; \boxed{\text{STO}} \; 2 \; 1 \; \boxed{-} \; \boxed{\text{RCL}} \; 1 \; \boxed{*\cos} \; \boxed{=} \; \boxed{\text{STO}}$$

Das Zahlenbeispiel (Tabelle 5.3.1 mit $\alpha_1 = 1{,}8$) zeigt eine deutliche Verbesserung der Konvergenz gegenüber dem Iterationsverfahren $x_{n+1} = \varphi(x_n)$.

Beispiel 2: Bringen wir $4\,\frac{\rho}{\rho_w}$ in den Speicher R_4, so erhalten wir zur Berechnung von

$$f(x) = x^3 - 3x^2 + 4\frac{\rho}{\rho_w} = x^2(x-3) + 4\frac{\rho}{\rho_w} \quad \text{und} \quad f'(x) = 3x^2 - 6x = 3x(x-2)$$

die Tastenfolge

$$\boxed{\text{RCL}} \; 1 \; \boxed{x^2} \; \boxed{\times} \; \boxed{(} \; \boxed{\text{RCL}} \; 1 \; \boxed{-} \; 3 \; \boxed{)} \; \boxed{+} \; \boxed{\text{RCL}} \; 4 \; \boxed{=} \; \boxed{\text{STO}} \; 2 \; 3 \; \boxed{\times} \; \boxed{\text{RCL}}$$

$$1 \; \boxed{\times} \; \boxed{(} \; \boxed{\text{RCL}} \; 1 \; \boxed{-} \; 2 \; \boxed{)} \; \boxed{=} \; \boxed{\text{STO}} \; 3 \, .$$

Ergebnisse der Rechnung (mit $x_1 = 1$) finden Sie in der Tabelle 5.3.2

Tabelle 5.3.1

ϵ	α	n
0,1	2,678693	3
0,01	2,678693	3
0,001	2,678690	4
0,0001	2,678690	4
0,00001	2,678690	4
0,0000001	2,678690	5

Tabelle 5.3.2

ϵ	x	n
0,1	0,6854519	2
0,01	0,6854154	3
0,001	0,6854154	3
0,0001	0,6854154	3
0,00001	0,6854154	4
0,0000001	0,6854154	4

5.4. Numerische Integration

Das bestimmte Integral $I = \int_a^b f(x)\,dx$ wird üblicherweise mit dem Hauptsatz der Differential- und Integralrechnung berechnet. Man sucht eine Stammfunktion $F(x)$ zu $f(x)$, d.h. eine Funktion mit der Eigenschaft $F'(x) = f(x)$, und erhält mit dieser

$$I = \int_a^b f(x)\,dx = F(b) - F(a) \, .$$

Diese Methode ist dann nicht anwendbar, wenn eine Stammfunktion nicht durch bekannte Funktionen angegeben werden kann oder die Funktion $f(x)$ nur in tabellierter Form (z.B. durch Messungen) vorliegt. Auch wenn $F(x)$ sehr schwer zu bestimmen oder nur sehr kompliziert darstellbar ist, wird man I nicht auf die obige Art ermitteln. In allen diesen Fällen hilft ein Verfahren der numerischen Integration weiter.

Wir können uns $I = \int_a^b f(x)\,dx$ als Inhalt der Fläche zwischen der Kurve der Funktion

$y = f(x)$ und der x-Achse von $x = a$ bis $x = b$ veranschaulichen. Damit ist die Berechnung des bestimmten Integrals nichts weiter als eine Flächeninhaltsbestimmung. Wir teilen dazu das Intervall $[a, b]$ in
n Teilintervalle der

Schrittweite $h = \dfrac{b - a}{n}$

und ersetzen die Kurve
durch eine einfachere,
für die wir den Flächen-
inhalt berechnen können.
Wählen wir als Ersatz-
kurve zwischen zwei
Punkten der Kurve mit
den Abszissenwerten
x_{k-1}, x_k jeweils eine
Gerade, so erhalten wir
die **Trapezregel:**

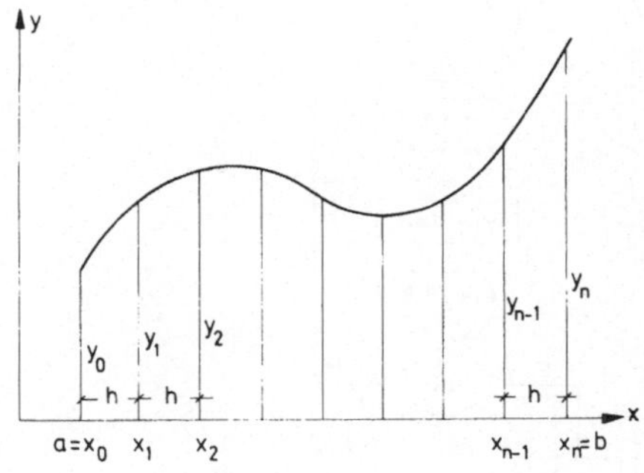

$$\text{(T)} \quad I = \int_a^b f(x)\,dx \cong A_T = \frac{h}{2}(y_0 + y_1) + \frac{h}{2}(y_1 + y_2) + \ldots + \frac{h}{2}(y_{n-1} + y_n).$$

Fassen wir je zwei Teilintervalle zusammen (hierfür muß n gerade gewählt werden) und legen jeweils durch drei Punkte mit den Abszissenwerten x_{k-1}, x_k, x_{k+1} eine Parabel, so führt dieses auf die **Simpsonregel:**

$$\text{(S)} \quad I = \int_a^b f(x)\,dx \cong A_s = \frac{h}{3}(y_0 + 4y_1 + y_2) + \frac{h}{3}(y_2 + 4y_3 + y_4) + \ldots + \frac{h}{3}(y_{n-2} + 4y_{n-1} + y_n).$$

Für diese beiden numerischen Integrationsverfahren (T) und (S) werden wir Programme aufstellen.

5.4.1. Trapezregel

Die in (T) zur Bestimmung von A_T angegebene Reihe aus n Gliedern berechnen wir

rekursiv. Die Multiplikation mit $\dfrac{h}{2}$ führen wir ganz zum Schluß durch:

$$s_k = s_{k-1} + (y_{k-1} + y_k) \quad \text{und} \quad A_T = \frac{h}{2} s_n \quad (k \in \mathbb{N}_n,\ s_0 = 0).$$

Im *Flußdiagramm* ist $y_0 := y_{k-1}$ und $y_1 := y_k$ gesetzt worden. Im nächsten Intervall wird der im AR stehende Funktionswert $y_1 = y_0$. Durch den Sprung im Programm an die passende Stelle wird erreicht, daß dieser Wert erneut zu s summiert wird. Nur im letzten Intervall — dann ist $(R_0) = 0$ — wird y_1 nur einmal zu s addiert.

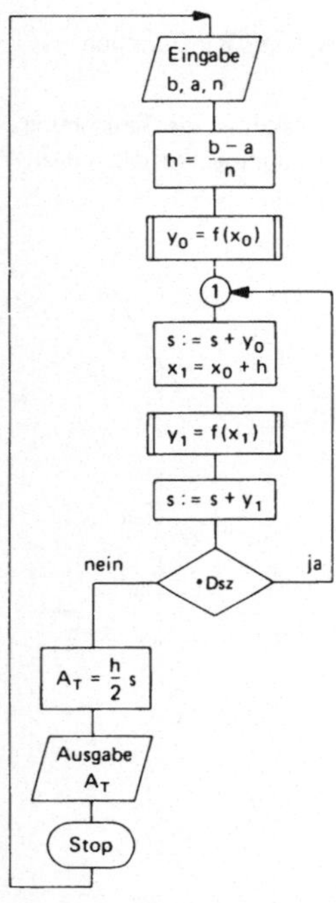

Das Programm lautet:

PSS	Taste
00	–
01	R/S
02	STO 1
03	=
04	÷
05	R/S

06	STO 0
07	=
08	STO 2
09	SBR 2
10	*LBL 1
11	SUM 3
12	RCL 2

13	SUM 1
14	SBR 2
15	SUM 3
16	*Dsz
17	GTO 1
18	RCL 3
19	x

20	RCL 2
21	÷
22	2
23	=
24	R/S
25	*LBL 2
26	

Benutzeranleitung:

Numerische Integration: Trapezregel

1. Programm eintasten.
2. GTO 2 LRN betätigen.
3. Programm zur Berechnung von $f(x)$ eingeben
   (maximal 24 Programmschritte). $x = (R_1)$.
   Programm mit INV SBR abschließen, mit
   LRN RST in die Betriebsart RECHNEN schalten.

Speicherplan		Eingabe	Taste	Anzeige
0	n	–	INV *C.t	--
1	a, x	b	R/S	–
2	h	a	R/S	–
3	s	n	R/S	A_T
		b	usw.	...

Beispiele zur Trapezregel finden Sie in 5.4.3.

80

5.4.2. Simpsonregel

Bei der Berechnung des bestimmten Integrals nach (S) werden von den n Teilintervallen stets zwei bei der Berechnung von $\frac{h}{3}(y_{k-1} + 4y_k + y_{k+1})$ zu insgesamt $\frac{n}{2}$ Doppelintervallen zusammengefaßt. Von der geraden Zahl n ist demnach die Hälfte in den Speicher R_0 zu bringen. Wir rechnen wieder rekursiv:

$$s := s + (y_0 + 4y_1 + y_2) \quad \text{und} \quad A_T = \frac{h}{3} \cdot \text{letzter s-Wert.}$$

Auch hier ist der Endwert y_2 in einem Intervall der Anfangswert y_0 im nächsten Intervall. Dieser y-Wert braucht also nur einmal berechnet zu werden. Das Flußdiagramm sieht ähnlich aus wie bei der Trapezregel. Wir wollen daher darauf verzichten, es hier anzugeben. Der Leser möge es sich selbst aufzeichnen.

Das Programm zur Berechnung von A_S wird:

PSS	Taste
00	–
01	R/S
02	STO 1
03	=
04	÷
05	R/S
06	STO 0
07	=

08	STO 2
09	2
10	INV *Prd 0
11	SBR 1
12	*LBL 2
13	SUM 3
14	RCL 2
15	SUM 1
16	SBR 1

17	×
18	4
19	=
20	SUM 3
21	RCL 2
22	SUM 1
23	SBR 1
24	SUM 3
25	*Dsz

26	GTO 2
27	RCL 3
28	×
29	RCL 2
30	÷
31	3
32	=
33	R/S
34	*LBL 1

Die Benutzeranleitung gleicht der für die Trapezregel. Lediglich das BAR ist zur Eingabe der Funktion f(x) (maximal 15 Programmschritte) auf die PSS $\boxed{*\text{LBL}}$ 1 zu stellen.

5.4.3. Beispiele

Beispiel 1: Es ist das bestimmte Integral $I = \int\limits_1^3 \frac{1}{2x-1} \, dx$ mit der Trapez- und Simpsonregel zu berechnen.

Wir bringen dieses Beispiel, um die Güte der Näherungsverfahren (T) und (S) zu testen.

Wir vergleichen A_T und A_S mit dem exakten Wert $I = \frac{1}{2} \ln(2x-1) \Big|_1^3 = \frac{1}{2} \ln 5 =$

$= 0,8047190$ und geben in der Tabelle neben den Werten A_T und A_S für verschiedene Unterteilungen den prozentualen Fehler $\left| \frac{I-A}{I} \right|$ und die Rechenzeit an.

Die Tastenfolge zur Berechnung von f(x) lautet:

$$2 \boxed{\times} \quad \boxed{\text{RCL}} \; 1 \; \boxed{-} \; 1 \; \boxed{=} \quad \boxed{1/x}$$

n	A_T	Fehler in %	Rechenzeit [s]	A_S	Fehler in %	Rechenzeit [s]
2	0,9333333	16,0	3	0,8444444	4,9	3
6	0,8218004	2,1	6	0,8065564	0,23	6
10	0,8110195	0,78	10	0,8050415	0,040	9
20	0,8063124	0,20	18	0,8047434	0,003	18
100	0,8047829	0,008	86	0,8047190	$5,3 \cdot 10^{6}$	82

Beispiel 2: Die Funktion $f(x)$ sei tabellarisch gegeben:

x	0	0,1	0,2	0,3	0,4	0,5	0,6	0,7	0,8	0,9	1,0
y	0	0,08	0,32	0,65	0,94	1,25	1,44	1,28	0,96	0,61	0

Berechnet werden soll $I = \int_0^1 f(x)\,dx$.

Hier ist die Tastenfolge für $f(x)$ besonders einfach: $\boxed{R/S}$. Der Rechner unterbricht seine Tätigkeit, damit wir den jeweiligen y-Wert eingeben können. Danach starten wir manuell mit $\boxed{R/S}$.

Ergebnis: $A_T = 0,753$ und $A_s = 0,76$.

Beispiel 3: Die in 5.2.3. durch eine unendliche Reihe festgelegte Besselsche Funktion $I_0(x)$ kann auch durch ein bestimmtes Integral dargestellt werden [1]:

$$I_0(x) = \int_0^1 \cos(x \sin(\pi\varphi))\,d\varphi .$$

Hier ist φ die Integrationsveränderliche, während die Variable x als Parameter unter dem Integral auftritt. Wir wollen $I_0(x)$ für x = 0; 0,5; 1; 1,5; 2 mit der Trapez- und Simpson regel mit n = 10 berechnen.

Mit $x \rightarrow R_4$ erhalten wir für $f(\varphi) = \cos(x \sin(\pi\varphi))$ die Tastenfolge:

$\boxed{*\pi}$ $\boxed{\times}$ $\boxed{RCL}$ $\boxed{1}$ $\boxed{=}$ $\boxed{*\sin}$ $\boxed{\times}$ $\boxed{RCL}$ $\boxed{4}$ $\boxed{=}$ $\boxed{*\cos}$.

Vergessen Sie nicht: Der Winkel φ ist hier im Bogenmaß einzusetzen, also $\boxed{*Rad}$!

x	A_T	A_S
0	1	1
0,5	0,9384698	0,9384698
1	0,7651977	0,7651977
1,5	0,5118277	0,5118277
2	0,2238908	0,2238906

5.5. Differentialgleichungen

In diesem Abschnitt werden wir die Anfangswertaufgabe bei gewöhnlichen Differential-gleichungen 1. Ordnung

$$y' = f(x, y) \quad \text{für} \quad x \geq x_0 \quad \text{und} \quad y(x_0) = y_0$$

behandeln. $f(x, y)$ ist eine gegebene Funktion der beiden Veränderlichen x und y, und x_0 und y_0 sind gegebene Zahlenwerte. Gesucht ist eine Funktion $y(x)$, die Lösung der Differentialgleichung $y' = f(x, y)$ ist und die Anfangsbedingung $y(x_0) = y_0$ erfüllt. Ist diese Lösungsfunktion $y(x)$ nicht in geschlossener Form auffindbar, so muß die obige Anfangswertaufgabe näherungsweise gelöst werden. Hierfür gibt es verschiedene Methoden[2] von denen wir zwei einfache angeben.

---

[1] s. Smirnow: Fußnote 6.3.3

[2] s. z.B.

Collatz: Numerische Behandlung von Differentialgleichungen, Springer 1955
Becker/Dreyer/Haacke/Nabert: Numerische Mathematik für Ingenieure, Teubner 1977

Wir bezeichnen mit y_k eine Näherung des gesuchten Funktionswertes $y(x_k) = y(x_0 + k\,h)$ mit der Schrittweite h und $k \in \mathbb{N}$.

5.5.1. Verbessertes Polygonzugverfahren

$y_1 \approx y(x_1) = y(x_0 + h)$ wird folgendermaßen berechnet:

$$
\text{(VP)} \qquad
\begin{aligned}
y_{1/2} &= y_0 + \frac{h}{2}\,f(x_0, y_0); & x_{1/2} &= x_0 + \frac{h}{2}\;; \\[2mm]
y_1 &= y_0 + h\,f(x_{1/2}, y_{1/2}); & x_1 &= x_{1/2} + \frac{h}{2}\;.
\end{aligned}
$$

Zur Erläuterung diene Bild 5.5.1
Die Strecke von P_0 bis $P_{1/2}$ besitzt den Anstieg $y_0' = f(x_0, y_0) = f_0$.
Die Kurve der Funktion $y(x)$ von x_0 bis x_1 wird ersetzt durch die Strecke $P_0 P_1$ mit dem ‚mittleren' Anstieg $y_{1/2}' = f(x_{1/2}, y_{1/2}) = f_{1/2}$.

Nach Bestimmung von y_1 wird im nächsten Schritt mit den Ausgangswerten x_1, y_1 der Näherungswert y_2 nach derselben Vorschrift (VP) berechnet usw.

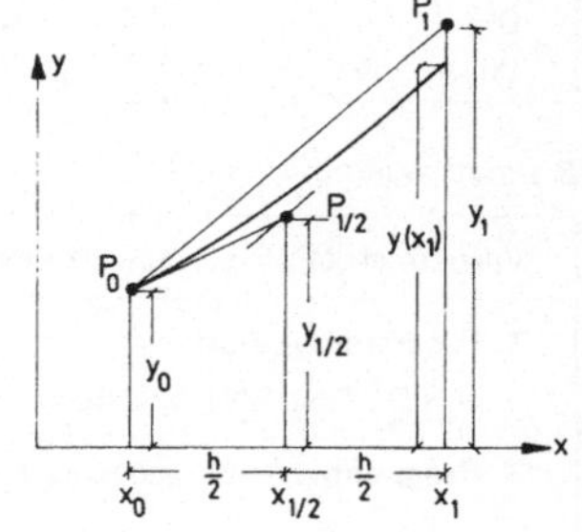

Bild 5.5.1

Das *Flußdiagramm* für den Algorithmus (VP) sieht so aus:

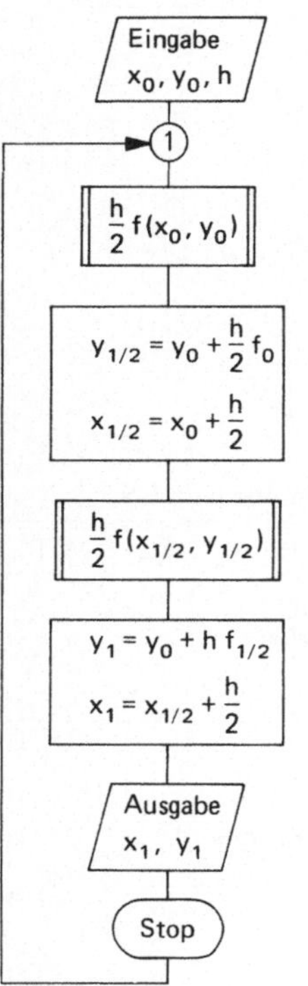

Wir lassen im Unterprogramm $\frac{h}{2}$ f statt nur f berechnen, wir sparen dadurch einige Programmspeicherplätze. Beim Aufstellen des Programms müssen wir darauf achten, daß bei Beginn des nächsten Schritts die Werte x_1, y_1 in *den* Speichern vorgefunden werden, in denen vorher x_0, y_0 standen.

PSS	Taste
00	STO 1
01	R/S
02	STO 2
03	STO 3
04	R/S
05	÷
06	2

07	=
08	STO 4
09	*LBL 1
10	SBR 0
11	SUM 2
12	RCL 4
13	SUM 1
14	SBR 0

15	x
16	2
17	=
18	SUM 3
19	RCL 4
20	SUM 1
21	RCL 1
22	R/S

23	RCL 3
24	STO 2
25	R/S
26	GTO 1
27	*LBL 0
28	
29	
30	

Benutzeranleitung:

<table>
<tr><td colspan="4">Verbessertes Polygonzugverfahren</td></tr>
<tr><td colspan="4">

1. Programm eintasten.
2. $\boxed{\text{GTO}}$ 0 $\boxed{\text{LRN}}$ betätigen.
3. Programm zur Berechnung von $\frac{h}{2}$ f(x, y) (maximal 22 Programmschritte) mit $x = (R_1)$, $y = (R_2)$, $\frac{h}{2} = (R_4)$ eingeben. Mit $\boxed{\text{INV}}$ $\boxed{\text{SBR}}$ abschließen und mit $\boxed{\text{LRN}}$ $\boxed{\text{RST}}$ in die Betriebsart RECHNEN schalten.

</td></tr>
<tr><td>Speicherplan</td><td>Eingabe</td><td>Taste</td><td>Ausgabe</td></tr>
<tr><td>1 $x_0, x_{1/2}, x_1$</td><td>x_0</td><td>R/S</td><td>—</td></tr>
<tr><td>2 $y_0, y_{1/2}, y_1$</td><td>y_0</td><td>R/S</td><td>—</td></tr>
<tr><td>3 y_0, y_1</td><td>h</td><td>R/S</td><td>x_1</td></tr>
<tr><td>4   h/2</td><td>—</td><td>R/S</td><td>y_1</td></tr>
<tr><td></td><td>—</td><td>R/S</td><td>x_2</td></tr>
<tr><td></td><td>—</td><td>R/S</td><td>y_2</td></tr>
<tr><td></td><td>--</td><td>usw.</td><td>...</td></tr>
</table>

Ein Beispiel zum verbesserten Polygonzugverfahren finden Sie im Abschnitt 5.5.3.

5.5.2. Differenzenschemaverfahren: Trapezregel

$y(x_1)$ können wir aus $y' = f(x, y)$ formal durch Integration erhalten:

$$y(x_1) = y_0 + \int_{x_0}^{x_1} f(x, y(x)) \, dx \; .$$

Lösen wir das Integral näherungsweise mit der Trapezregel (s. 5.4.), so wird

$$y(x_1) \approx y_1 = y_0 + \frac{h}{2} \left[f(x_0, y_0) + f(x_1, y_1) \right] \; .$$

Für y_1 erhalten wir eine Gleichung, die wir iterativ lösen:

$$(DT) \quad \bar{y}_0 = y_0 + \frac{h}{2} f(x_0, y_0); \quad y_{1,n+1} = \bar{y}_0 + \frac{h}{2} f(x_1, y_{1,n}).$$

Als 1. Näherung setzen wir $y_{1,1} = \bar{y}_0 + \frac{h}{2} f(x_0, y_0)$. Iteriert werden soll bis $|y_{1,n+1} - y_{1,n}| < \epsilon$.

Im *Flußdiagramm* setzen wir $y_{1,1} := y_{1,n}$ und $y_{1,2} := y_{1,n+1}$:

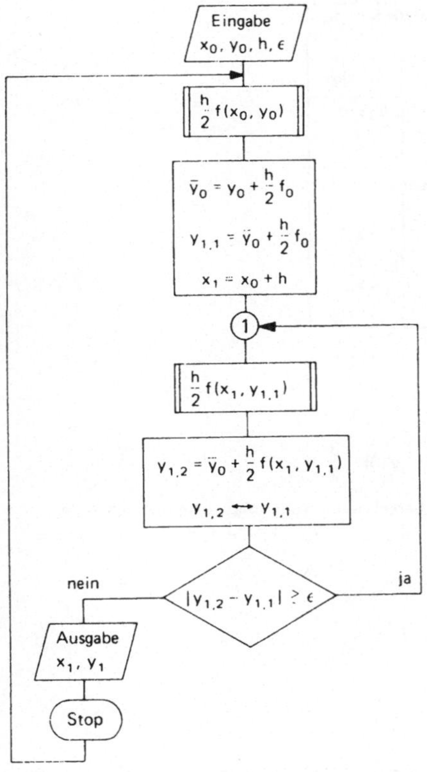

Um Programmspeicherplätze zu sparen, nehmen wir die Eingabe aus dem Programm heraus (s. Benutzeranleitung).

PSS	Taste							
00	SBR 0	06	RCL 4	13	*Exc 2	20	RCL 1
01	SUM 3	07	SUM 1	14	–	21	R/S
02	+	08	*LBL 1	15	RCL 2	22	RCL 2
03	RCL 3	09	SBR 0	16	=	23	STO 3
04	=	10	+	17	*|x|	24	R/S
05	STO 2	11	RCL 3	18	*x ≧ t	25	RST
		12	=	19	GTO 1	26	*LBL 0

Differenzenschemaverfahren: Trapezregel

1. Programm eintasten.

2. $\boxed{\text{GTO}}$ 0 $\boxed{\text{LRN}}$ betätigen.

3. Programm zur Berechnung von $\frac{h}{2} f(x, y)$

(maximal 23 Programmschritte) mit $x = (R_1)$, $y = (R_2)$ und $h = (R_4)$ eingeben. Mit $\boxed{\text{INV}}$ $\boxed{\text{SBR}}$ abschließen und mit $\boxed{\text{LRN}}$ $\boxed{\text{RST}}$ in die Betriebsart RECHNEN schalten.

Speicherplan		Eingabe	Taste	Anzeige
T	ϵ	x_0	STO 1	–
1	x_0, x_1	y_0	STO 2	–
2	$y_0 \cdots y_1$	–	STO 3	–
3	$y_0, \bar{y}_0, y_1$	h	STO 4	–
4	h	ϵ	x ► t	–
		–	R/S	x_1
		–	R/S	y_1
		–	R/S	x_2
		–	usw.	…

5.5.3. Beispiel

Bei der Anfangswertaufgabe

$$y' = \sqrt{1 + 2y} \, (x + e^{-x}) \quad \text{für} \quad x \geq 0 \quad \text{und} \quad y(0) = \frac{3}{2}$$

vergleichen wir die nach (VP) und (DT) berechneten Näherungswerte mit denen der exakten Lösung

$$y = \frac{1}{2} \left[\left(\frac{x^2}{2} - e^{-x} + 3 \right)^2 - 1 \right]$$

und geben den prozentualen Fehler $F_k = \left(1 - \dfrac{y_k}{y(x_k)} \right) 100 \, \%$ an.

Die Tastenfolge zur Berechnung von

$$\frac{h}{2} f(x, y) = \frac{h}{2} \sqrt{1 + 2y} \, (x + e^{-x}) \quad \text{lautet:}$$

1 $\boxed{+}$ 2 $\boxed{\times}$ $\boxed{\text{RCL}}$ 2 $\boxed{=}$ $\boxed{\sqrt{x}}$ $\boxed{\times}$ $\boxed{(}$ $\boxed{\text{RCL}}$ 1 $\boxed{+}$ $\boxed{+/-}$ $\boxed{\text{INV}}$ $\boxed{\ln x}$ $\boxed{)}$

$\boxed{\times}$ $\boxed{=}$ $\boxed{\text{RCL}}$ 4 $\boxed{\div}$ 2 $\boxed{=}$.

Die gestrichelt umrahmten Programmschritte entfallen beim verbesserten Polygonzugverfahren. Dort steht $\frac{h}{2}$ bereits im Speicher R_4.

Die Ergebnisse der Rechnung mit der Schrittweite $h = 0,1$ sind in der folgenden Tabelle zusammengefaßt. Der Leser möge sich selbst überlegen, wie das zusätzliche Programm aussehen muß, damit neben y_k auch der exakte Wert $y(x_k)$ und der prozentuale Fehler berechnet werden kann.

x	exakte Lösung $y(x)$	verb. Polygon-zugverfahren	proz. Fehler	Diff.-schema Trapezregel	proz. Fehler
0	1,5	1,5	0	1,5	0
0,1	1,7053414	1,7051910	0,009	1,7055204	$-0,010$
0,2	1,9227931	1,9224675	0,017	1,9231746	$-0,020$
0,3	2,1546268	2,1541001	0,024	2,1552339	$-0,028$
0,4	2,4032787	2,4025234	0,031	2,4041348	$-0,036$
0,5	2,6713439	2,6703302	0,038	2,6724732	$-0,042$
0,6	2,9615761	2,9602716	0,044	2,9630044	$-0,048$
0,7	3,2768917	3,2752612	0,050	3,2786463	$-0,054$
0,8	3,6203761	3,6183811	0,055	3,6224867	$-0,058$
0,9	3,9952923	3,9928907	0,060	3,9977906	$-0,063$
1,0	4,4050896	4,4022357	0,065	4,4080098	$-0,066$

6. Beispiele aus der Technik

6.1. Statik

6.1.1. Kräfte in der Ebene am Punkt

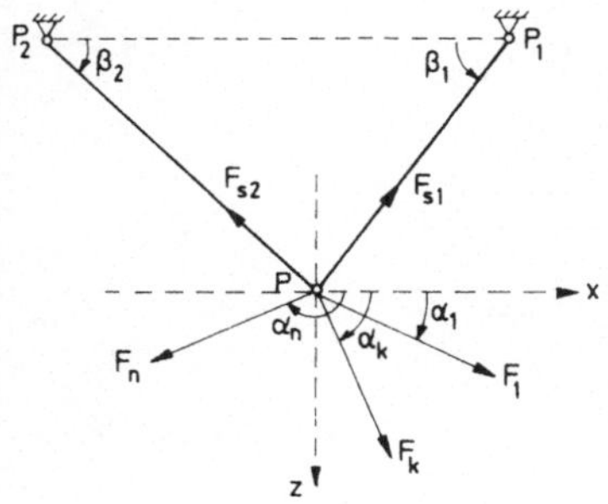

Bild 6.1.1

Zwei Stäbe sind in P gelenkig miteinander verbunden und in P_1 bzw. P_2 gelenkig befestigt (s. Bild 6.1.1). In P greifen n Kräfte F_1, ... F_k, ..., F_n an, deren Wirkungslinien in der Ebene der beiden Stäbe liegen und mit der x-Achse die Winkel α_1, ... α_k, ..., α_n bilden. Die Winkel β_1, β_2 und α_k $(k \in \mathbb{N}_n)$ sollen in der eingezeichneten Pfeilrichtung positiv gezählt werden. Berechnet werden sollen die Stabkräfte F_{S1} und F_{S2}[1].

Die Gleichgewichtsbedingung $\Sigma F_x = 0 \wedge \Sigma F_z = 0$ der Statik liefert:

$$F_{S1} \cos \beta_1 - F_{S2} \cos \beta_2 + \sum_{k=1}^{n} F_k \cos \alpha_k = 0 \; ;$$

$$F_{S1} \sin \beta_1 + F_{S2} \sin \beta_2 - \sum_{k=1}^{n} F_k \sin \alpha_k = 0 \; .$$

---

[1] Der Statiker möge mir verzeihen, daß ich hier und in weiteren Abbildungen die Reaktionskräfte in den geometrischen Lageplan hineingezeichnet habe.

Hieraus können wir die Stabkräfte nach folgendem Algorithmus berechnen:

$$s_1 = \sum_{k=1}^{n} F_k \cos\alpha_k \; ; \qquad\qquad s_2 = \sum_{k=1}^{n} F_k \sin\alpha_k \; ;$$

$$F_{S1} = \frac{s_2 \cos\beta_2 - s_1 \sin\beta_2}{\sin(\beta_1 + \beta_2)} \; ; \qquad\qquad F_{S2} = \frac{F_{S1} \cos\beta_1 + s_1}{\cos\beta_2} \; .$$

Die Summen s_1 und s_2 berechnen wir rekursiv:

$$s_{1k} = s_{1,k-1} + F_k \cos\alpha_k \; ; \qquad\qquad s_{2k} = s_{2,k-1} + F_k \sin\alpha_k$$

oder mit der Ergibt-Schreibweise:

$$s_1 := s_1 + F \cos\alpha ; \qquad\qquad s_2 := s_2 + F \sin\alpha .$$

Hiernach entwickeln wir das *Flußdiagramm*:

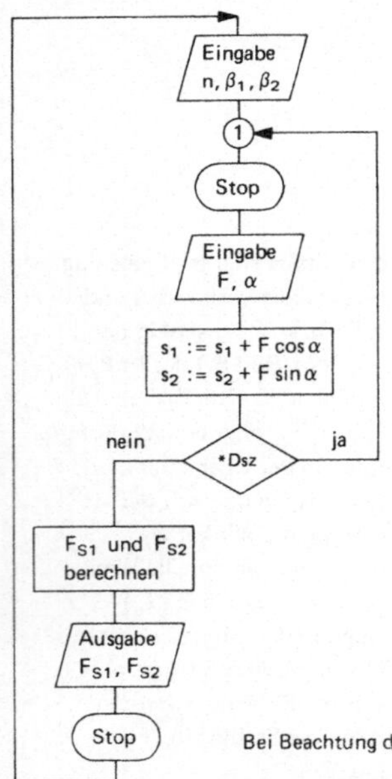

Bei Beachtung des Speicherplans in der Benutzeranleitung lautet das Programm:

PSS	Taste							
00	STO 0	12	RCL 4	25	RCL 2	38	RCL 1
01	*LBL 1	13	*sin	26	*sin	39	*cos
02	R/S	14	=	27	=	40	+
03	STO 3	15	SUM 6	28	÷	41	RCL 5
04	×	16	*Dsz	29	(	42	=
05	R/S	17	GTO 1	30	RCL 1	43	÷
06	STO 4	18	RCL 6	31	+	44	RCL 2
07	*cos	19	×	32	RCL 2	45	*cos
08	=	20	RCL 2	33	)	46	=
09	SUM 5	21	*cos	34	*sin	47	R/S
10	RCL 3	22	−	35	=	48	RST
11	×	23	RCL 5	36	R/S		
		24	×	37	×		

Berechnung von Stabkräften			
1. Programm eintasten. 2. Bei der Eingabe der Winkel Vorzeichen nach Bild 6.1.1 beachten. 3. $F_S > 0$: Zugkraft; $F_S < 0$: Druckkraft.			
Speicherplan	Eingabe	Taste	Anzeige
0 n	—	INV *C.t	—
1 β_1	β_1	STO 1	—
2 β_2	β_2	STO 2	—
3 F	n	R/S	—
4 α	F_1	R/S	—
5 s_1	α_1	R/S	—
6 s_2	F_2	R/S	—
	...	...	...
	α_n	R/S	F_{S1}
	—	R/S	F_{S2}

In den folgenden Beispielen dient die erste Zeile als Test.

n	β_1	β_2	F_k/kN	α_k	F_{S1}/kN	F_{S2}/kN
1	30°	30°	5	90°	5,000	5,000
1	48,6°	34,5°	8,40	60°	3,643	8,019
1	106°	32°	6,32	110°	9,239	−5,552
5	40°	30°	4,65	0°		
			3,08	45°		
			6,72	90°		
			5,26	135°		
			2,60	180°	11,358	10,634

6.1.2. Auflagerkräfte beim Balken

Ein gelenkig gelagerter Balken werde nach Bild 6.1.2 mit n Kräften belastet. Zur Berechnung der Auflagerkräfte F_B, F_{Az}, F_{Ax} wollen wir ein Programm aufstellen. Eingegeben werden n, l, Δx_k, F_k, α_k ($k \in \mathbb{N}_n$). Δx_1 wird negativ eingegeben, falls F_1 links vom Auflager A liegt. Alle weiteren Δx_k sind stets positiv. Die Vorzeichenfestsetzungen für α_k und F_k 'sind aus Bild 6.1.2 ersichtlich.

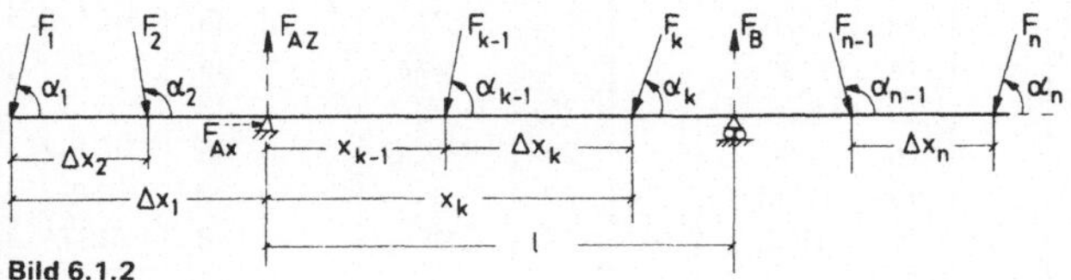

Bild 6.1.2

Aus der Gleichgewichtsbedingung der Statik folgt:

$$x_k = x_{k-1} + \Delta x_k \, ; \qquad F_B\, l = \sum_{k=1}^{n} {}' F_k \sin\alpha_k\, x_k = s_2 \, ;$$

$$F_{Az} = \sum_{k=1}^{n} {}' F_k \sin\alpha_k - F_B = s_1 - F_B \, ; \qquad F_{Ax} = \sum_{k=1}^{n} {}' F_k \cos\alpha_k = s_3 \, .$$

Alle auftretenden Summen berechnen wir wie in 6.1.1. rekursiv.

Flußdiagramm:

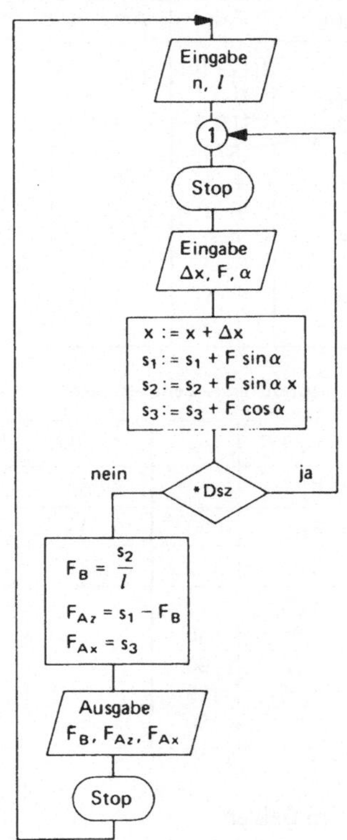

PSS	Taste
00	STO 0
01	R/S
02	STO 1
03	*LBL 1
04	R/S
05	SUM 2
06	R/S
07	STO 3
08	×
09	R/S
10	STO 4
11	*sin
12	=
13	SUM 5
14	×
15	RCL 2
16	=
17	SUM 6
18	RCL 3
19	×
20	RCL 4
21	*cos
22	=
23	SUM 7
24	*Dsz
25	GTO 1
26	RCL 6
27	÷
28	RCL 1
29	=
30	R/S
31	+/−
32	+
33	RCL 5
34	=
35	R/S
36	RCL 7
37	R/S
38	RST

Auflagerkräfte beim Balken

1. Programm eintasten.
2. Liegt F_1 links vom Auflager A, so sind Δx_1 negativ, alle weiteren Δx_k stets positiv einzugeben. Für α_k (im Gradmaß) und F_k sind die Vorzeichenfestsetzungen nach Bild 6.1.2 zu beachten.

Speicherplan		Eingabe	Taste	Anzeige
0	n	–	INV *C.t	–
1	l	n	R/S	–
2	x	l	R/S	–
3	F	Δx_1	R/S	–
4	α	F_1	R/S	–
5	s_1	α_1	R/S	–
6	s_2	Δx_2	R/S	–
7	s_3	...	...	...
		α_n	R/S	F_B
		–	R/S	F_{Az}
		–	R/S	F_{Ax}

Beispiel:

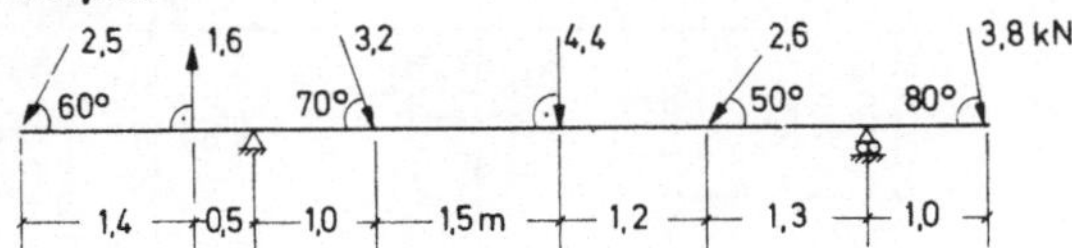

Hier werden die folgenden Zahlenwerte eingegeben:

6; 5,0; −1,9; 2,5; 60; 1,4; −1,6; 90; 1,5; 3,2; 110; 1,5; 4,4; 90; 1,2; 2,6; 50; 2,3; 3,8; 100

Ergebnis: $F_B = 8{,}10\,\text{kN}$; $F_{Az} = 5{,}60\,\text{kN}$; $F_{Ax} = 1{,}17\,\text{kN}$.

Für den Sonderfall, daß *alle* Kräfte *senkrecht* zur Balkenachse stehen, könnten wir im obigen Programm jedesmal $\alpha = 90°$ eingeben. Dieses werden wir sicherlich auch tun, wenn das Programm bereits im Rechner gespeichert ist. Haben wir aber öfter für diesen Sonderfall, der in der Praxis häufig vorkommt, die Auflagerkräfte zu berechnen, so empfiehlt sich die Eingabe eines einfacheren Programms. In diesem Fall gilt:

$$x_k = x_{k-1} + \Delta x_k; \quad F_B\, l = \sum_{k=1}^{n} F_k x_k; \quad F_{Az} = \sum_{k=1}^{n} F_k - F_B; \quad F_{Ax} = 0.$$

Der Leser möge hierfür selbst ein Programm aufstellen (s. auch die Bestimmung von $M_{b\,max}$ in 6.1.3.) und mit diesem das folgende Beispiel durchrechnen.

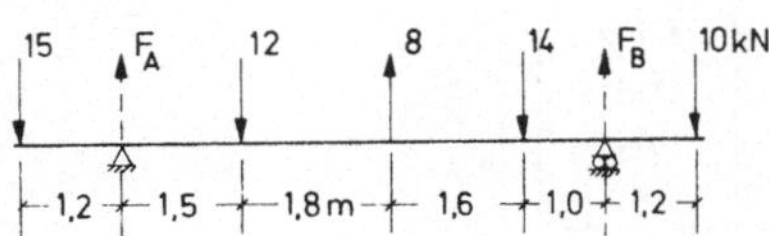

Ergebnis:

$F_A = 23{,}8\,\text{kN}$; $F_B = 19{,}2\,\text{kN}$.

6.1.3. Maximales Biegemoment

Ein an den Enden gelenkig gelagerter Balken werde nach Bild 6.1.3 mit n Kräften
$F_1, \ldots, F_k, \ldots, F_n$ senkrecht zur Balkenachse belastet. Es soll ein Programm zur Ermittlung der Auflagerkräfte F_A und F_B, des maximalen Biegemoments $M_{b\,max} = |M_b|_{max}$ und der Stelle $\bar{x}$, an der $M_{b\,max}$ angenommen wird, geschrieben werden.

Ständen uns genügend viele Datenspeicher zur Verfügung, so würden wir zunächst *alle* Δx_k, F_k eingeben und *danach* die Berechnung von F_A, F_B, $\bar{x}$ und $M_{b\,max}$ durchführen lassen. Da dieses aber nicht möglich ist, werden wir zunächst F_A und F_B berechnen. Dann werden wir *erneut* Δx_k, F_k eingeben und $\bar{x}$ und $M_{b\,max}$ bestimmen.

Für die Berechnung der Auflagerkräfte haben wir bereits in 6.1.2 ein Programm aufgestellt. Für den hier vorliegenden Sonderfall wird dieses einfacher als in 6.1.2, es ist weiter unten in den PSS 00 bis 24 ohne Erläuterung angegeben. In dem ab PSS 25 folgenden Programmteil werden $\bar{x}$ und $M_{b\,max}$ ermittelt. Bei Beginn dieser Rechnung befindet sich F_A (der erste F_Q-Wert) im Speicher R_4. Für die Berechnung benutzen wir die aus Bild 6.1.3 ersichtlichen Formeln

$$F_{Qk} = F_{Q,k-1} - F_{k-1} ;$$
$$F_{Q0} = 0; \quad F_0 = -F_A ;$$
$$M_{bk} = M_{b,k-1} + F_{Qk}\,\Delta x_k .$$

Das Biegemoment wird über die
Querkraftfläche berechnet.

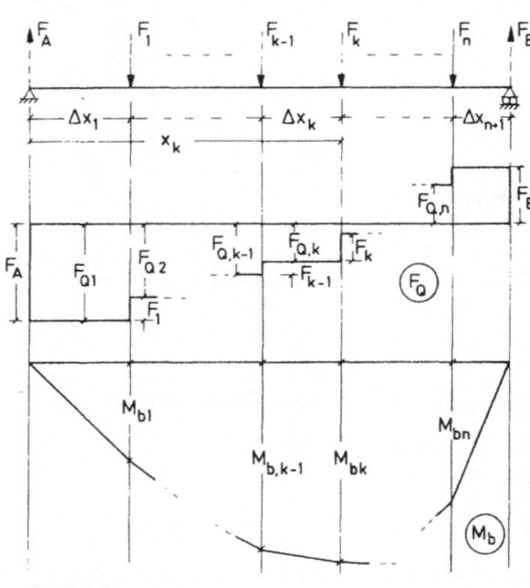

Bild 6.1.3

Flußdiagramm:

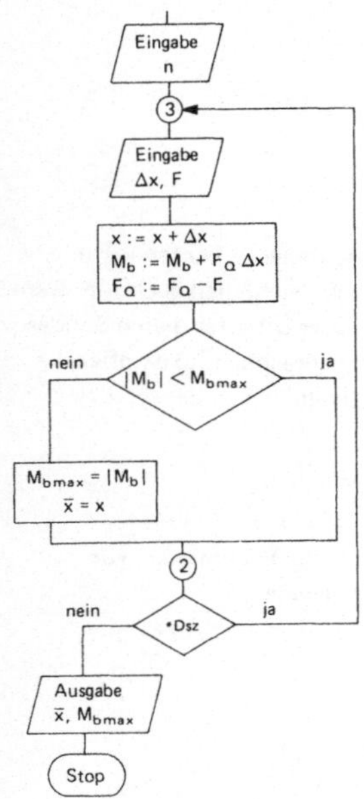

Speicherplan	
T	$M_{b\,max}$
0	n
1	x
2	ΣF
3	$\Sigma F x$
4	F_Q
5	M_b
6	$\bar{x}$

PSS	Taste
00	STO 0
01	*LBL 1
02	R/S
03	SUM 1
04	R/S
05	SUM 2
06	×
07	RCL 1
08	=
09	SUM 3
10	*Dsz
11	GTO 1

12	R/S
13	SUM 1
14	RCL 3
15	÷
16	RCL 1
17	=
18	R/S
19	−
20	RCL 2
21	=
22	+/−
23	STO 4
24	R/S

25	STO 0
26	0
27	STO 1
28	*LBL 3
29	R/S
30	SUM 1
31	×
32	RCL 4
33	=
34	SUM 5
35	R/S
36	INV SUM 4
37	RCL 5

38	*|x|
39	INV *x ≥ t
40	GTO 2
41	x ◀ t
42	RCL 1
43	STO 6
44	*LBL 2
45	*Dsz
46	GTO 3
47	RCL 6
48	R/S
49	

Wir verzichten auf die Angabe einer ausführlichen Benutzeranleitung.

Eingabe: $\boxed{\text{INV}}$ $\boxed{\text{*C.t}}$ n $\boxed{\text{R/S}}$ Δx_1 $\boxed{\text{R/S}}$ F_1 $\boxed{\text{R/S}}$ $\Delta x_2 \dots F_n$ $\boxed{\text{R/S}}$ Δx_{n+1} $\boxed{\text{R/S}}$

Ausgabe: F_B $\boxed{\text{R/S}}$ F_A

Eingabe: n $\boxed{\text{R/S}}$ Δx_1 $\boxed{\text{R/S}}$ F_1 $\boxed{\text{R/S}}$ $\Delta x_2 \dots F_n$ $\boxed{\text{R/S}}$

Ausgabe: $\bar{x}$ $\boxed{\text{x ◀ t}}$ $M_{b\,max}$

Wenn wir alle M_{bk} erhalten möchten, dann setzen wir mit $\boxed{\text{*Ins}}$ in die PSS 38 $\boxed{\text{R/S}}$.

Beispiel:

Für die Zahlenwerte der nebenstehenden Tabelle
erhalten wir das Ergebnis:

$F_A = 14,21$ kN ;
$F_B = 20,39$ kN;
$\bar{x} = 4,9$ m ;
$M_{b\,max} = 34,59$ kN m .

$\Delta x / m$	F / kN
1,4	
1,5	8,4
1,2	6,9
0,8	−10,2
1,0	9,4
1,2	11,3
1,0	8,8

6.2. Kinematik / Kinetik

6.2.1. Kurbeltrieb

Für den in Bild 6.2.1 dargestellten
Kurbeltrieb wollen wir zur Berechnung
der Geschwindigkeit v und der Be-
schleunigung a des Kreuzkopfes K
ein Programm schreiben.

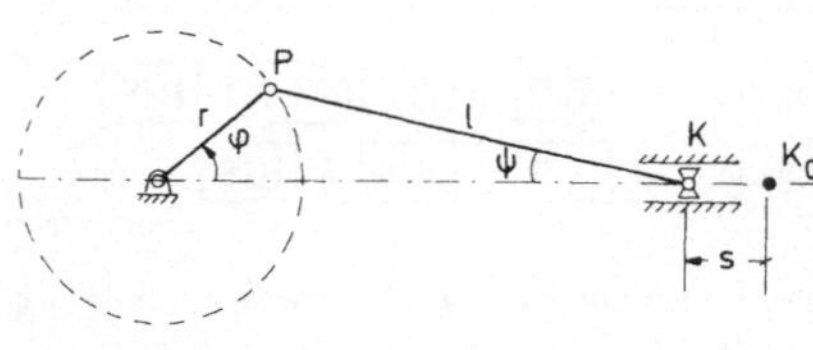

Bild 6.2.1

Den Weg s messen wir von der rechten Totlage K_0 des Kreuzkopfes. Nennen wir $\lambda = \dfrac{r}{l}$ das Verhältnis der Kurbelstange zur Schubstange, so berechnen wir für eine konstante Drehzahl n die gesuchten Größen nach folgendem Rechenschema [1]:

$$\psi = \arcsin(\lambda \sin\varphi) \; ;$$

$$\frac{v}{r\omega} = \bar{v} = \sin\varphi + \frac{\lambda}{2}\,\frac{\sin 2\varphi}{\cos\psi} \; ;$$

$$\frac{a}{r\omega^2} = \bar{a} = \frac{1}{\cos\psi}\left[\cos(\varphi + \psi) + \lambda\left(\frac{\cos\varphi}{\cos\psi}\right)^2\right] .$$

Hierin bedeuten $\omega = 2\pi n$ die Winkelgeschwindigkeit der Kurbelstange, $r\omega$ die Umfangsgeschwindigkeit und $r\omega^2$ die Zentripetalbeschleunigung des Gelenkpunktes P.

$\bar{v}$ und $\bar{a}$ sollen von $\varphi = 0°$ mit einer Schrittweite $\Delta\varphi$ bis $\varphi = 180°$ berechnet und mit dem zugehörigen Winkel φ angezeigt werden.

Flußdiagramm:

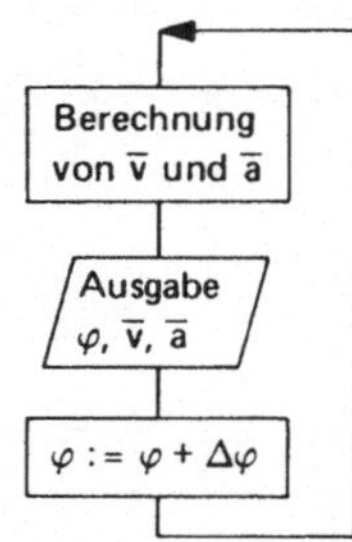

Speicherplan	
0	λ
1	$\Delta\varphi$
2	φ
3	ψ
4	$\cos\psi$

Mit dem obigen Speicherplan lautet das Programm:

PSS	Taste		PSS	Taste		PSS	Taste		PSS	Taste
00	RCL 2		12	*sin		25	R/S		38	RCL 3
01	R/S		13	÷		26	RCL 2		39	)
02	*sin		14	RCL 3		27	*cos		40	*cos
03	×		15	*cos		28	÷		41	=
04	RCL 0		16	STO 4		29	RCL 4		42	÷
05	=		17	×		30	=		43	RCL 4
06	INV *sin		18	RCL 0		31	x^2		44	=
07	STO 3		19	÷		32	×		45	R/S
08	RCL 2		20	2		33	RCL 0		46	RCL 1
09	×		21	+		34	+		47	SUM 2
10	2		22	RCL 2		35	(		48	RST
11	=		23	*sin		36	RCL 2		49	
			24	=		37	+			

Eingabe: λ |STO| 0 $\Delta\varphi$ |STO| 1 |R/S|

Ausgabe: φ |R/S| $\bar{v}$ |R/S| $\bar{a}$ |R/S| φ usw.

---

[1] Der mathematisch Interessierte möge diese Beziehungen aus der Geometrie und mit

$$v = \frac{ds}{dt} = \frac{ds}{d\varphi}\,\omega \quad \text{und} \quad a = \frac{dv}{dt} = \frac{dv}{d\varphi}\,\omega \quad \text{bestätigen.}$$

Mit $\lambda = \frac{1}{3,8}$ und $\Delta\varphi = 15°$ erhalten wir die Werte der Tabelle 6.2.1 (mit $\boxed{*\text{Fix}}$ 5).

Tabelle 6.2.1

φ	$\overline{v}$	$\overline{a}$
0	0,00000	1,26316
15	0,32476	1,19550
30	0,61495	1,00227
45	0,84102	0,71191
60	0,98306	0,36857
75°	1,03395	0,02444
90	1,00000	− 0,27277
105	0,89790	− 0,49320
120	0,74899	− 0,63143
135	0,57319	− 0,70230
150	0,38505	− 0,72978
165	0,19288	− 0,73635
180	0,00000	− 0,73684

6.2.2. Bahnkurve

Ein Punkt Q bewege sich nach Bild 6.2.2 auf einer Geraden g und werde von einem Punkt P verfolgt[1]. Beide Punkte bewegen sich mit konstanter Geschwindigkeit v_P bzw. v_Q und befinden sich zur Zeit $t = 0$ in P_0 bzw. Q_0. Bei der Verfolgung bewegt sich P in jedem Augenblick in Richtung auf den Punkt Q. Wie lange dauert es, bis P von Q einen Abstand besitzt, der kleiner als ϵ ist? Wo befindet sich dann der Punkt P, und welchen Weg hat er zurückgelegt?

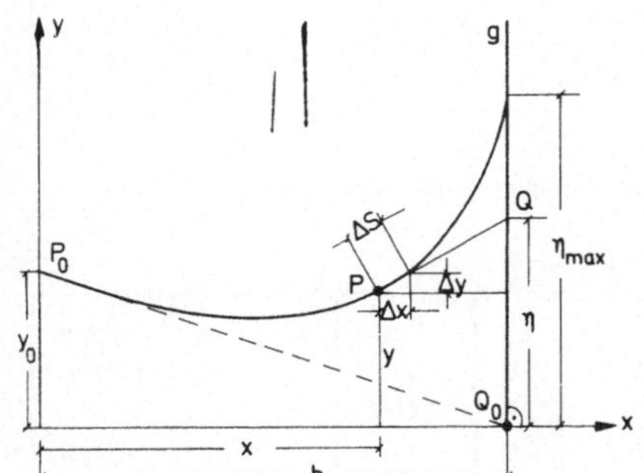

Zunächst zur mathematischen Formulierung des Problems. Zur Zeit t besitze P die Koordinaten x, y und Q die Ordinate η. Der Abstand der beiden Punkte beträgt

$$d = \sqrt{(b - x)^2 + (\eta - y)^2}$$

---

[1] Wer dieses Problem lieber als „Aufgabe aus der Praxis" formuliert haben möchte, möge sich P als Hund vorstellen, der eine Wurst Q in der Hand seines Herrn „verfolgt".

In der Zeit Δt legt Q den Weg $\Delta\eta = v_Q \Delta t$ und P $\quad \Delta s = v_P \Delta t$ in Richtung auf Q zurück. Bei Anwendung des Strahlensatzes erhalten wir:

$$\Delta x = \frac{\Delta s}{d} (b - x) \quad \text{und} \quad \Delta y = \frac{\Delta s}{d} (\eta - y) .$$

Die neue Position der Punkte P und Q zur Zeit $t := t + \Delta t$ wird:

$$x := x + \Delta x, \quad y := y + \Delta y, \quad \eta := \eta + \Delta\eta .$$

Der von P in der Zeit t zurückgelegte Weg beträgt: $s = v_P t$.

Flußdiagramm:

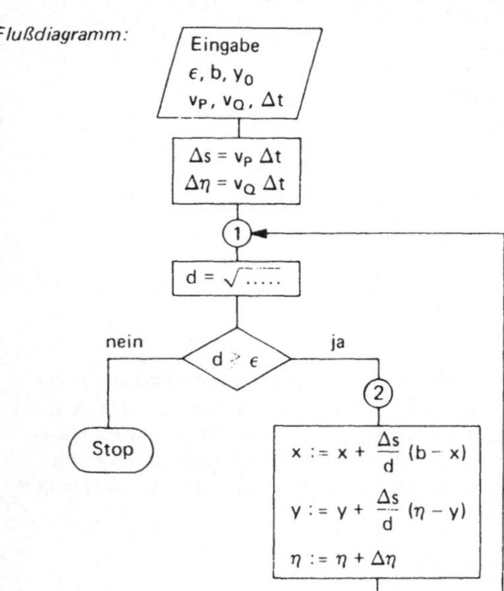

Speicherplan	
0	$\Delta s/d$
1	v_P, Δs
2	v_Q, $\Delta\eta$
3	b
4	x
5	y_0, y
6	η
7	ϵ

Die Eingabe der Werte v_P, v_Q, b und y_0 wird manuell vorgenommen.

Das Programm lautet:

PSS	Taste							
00	*Prd 1	11	(	23	1/x	35	SUM 4
01	*Prd 2	12	RCL 5	24	$\times$	36	RCL 6
02	R/S	13	−	25	RCL 1	37	−
03	x ⮂ t	14	RCL 6	26	=	38	RCL 5
04	*LBL 1	15	)	27	STO 0	39	=
05	RCL 3	16	x^2	28	$\times$	40	$\times$
06	−	17	=	29	(	41	RCL 0
07	RCL 4	18	$\sqrt{x}$	30	RCL 3	42	=
08	=	19	*x $\geq$ t	31	−	43	SUM 5
09	x^2	20	GTO 2	32	RCL 4	44	RCL 2
10	+	21	R/S	33	)	45	SUM 6
		22	*LBL 2	34	=	46	GTO 1

Eingabe: $\boxed{\text{INV}}$ $\boxed{*\text{C.t}}$ v_P $\boxed{\text{STO}}$ 1 v_Q $\boxed{\text{STO}}$ 2 b $\boxed{\text{STO}}$ 3 y_0 $\boxed{\text{STO}}$ 5

Δt $\boxed{\text{R/S}}$ ϵ $\boxed{\text{R/S}}$

Ausgabe: $\boxed{\text{RCL}}$ 4 x $\boxed{\text{RCL}}$ 5 y $\boxed{\text{RCL}}$ 6 η .

Die Zeit t und der von P zurückgelegte Weg s werden nach $t = \dfrac{\eta}{v_Q}$ und $s = v_P t$ berechnet.

Wollen wir die Bahnkurve $x = x(t)$, $y = y(t)$ punktweise bestimmen, so ändern wir das obige Programm folgendermaßen ab: Nach $\boxed{\text{RCL}}$ 4 in der PSS 32 und $\boxed{\text{RCL}}$ 5 in der PSS 38 wird $\boxed{\text{R/S}}$ gesetzt. $\boxed{*\text{x} \geq \text{t}}$ und $\boxed{\text{GTO}}$ 2 in den PSS 19 und 20 werden mit $\boxed{*\text{Del}}$ gelöscht.

Ausgabe: d $\boxed{\text{R/S}}$ x $\boxed{\text{R/S}}$ y $\boxed{\text{R/S}}$ usw.

Wir führen die Rechnung durch für

$b = 30\,\text{m}$, $y_0 = 10\,\text{m}$, $v_P = 12\,\text{m/s}$, $v_Q = 6\,\text{m/s}$

und verschiedene ϵ und Δt. Bei der Festlegung dieser Größen müssen wir $\Delta s = v_P \Delta t \leq 2\epsilon$ beachten, sonst kommt das Verfahren unter Umständen nicht zum Stillstand. Der Punkt P wird nicht zwangsläufig in die ϵ-Umgebung des Punktes Q gelangen, siehe nebenstehendes Bild mit $\Delta s > 2\epsilon$.

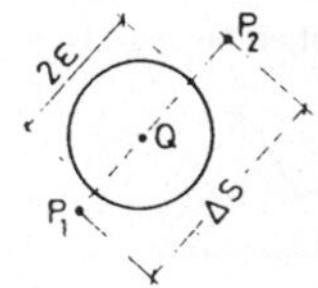

Die Bahnkurve bestimmen wir mit dem abgeänderten Programm grob mit $\Delta t = 0,25\,\text{s}$ und erhalten die Werte der Tabelle 6.2.2.

Mit dem Programm in der ursprünglichen Fassung erhalten wir die Ergebnisse der folgenden Tabelle:

$\Delta t/s$	ϵ/m	t/s	x/m	y/m	η/m	s/m	Rechenzeit/min
0,1	0,6	3,00	30,004	17,976	18	36	1
0,01	0,06	2,96	30,000	17,745	17,76	35,52	11
0,001	0,006	2,958	30,000	17,745	17,748	35,496	102

Aus der Angabe der Rechenzeit erkennen Sie, daß wir etwas Geduld beim Warten auf die Ergebnisse haben müssen. Aber wir können diese Zeit anderweitig nutzen, der programmierbare Taschenrechner arbeitet für uns. Beim Wert $\Delta t = 0,001\,\text{s}$ durchläuft der Rechner etwa 3000 mal die Schleife im Programm.

Wer übrigens das Problem exakt lösen will, muß die Lösungsfunktion einer Differentialgleichung 2. Ordnung mit Anfangsbedingungen bestimmen und erhält dann

$y = \eta = 17,7485\,\text{m}$; $t = 2,9581\,\text{s}$; $s = 35,496\,\text{m}$.

d/m	x/m	y/m
31,623	0,000	10,000
28,184	2,846	9,051
24,825	5,736	8,248
21,557	8,669	7,613
18,401	11,637	7,180
15,378	14,631	6,988
12,518	17,629	7,088
9,859	20,594	7,546
7,447	23,456	8,445
5,329	26,092	9,877
3,525	28,292	11,917
1,975	29,746	14,541
0,502	30,132	17,516

6.2.3. Bewegung einer Rakete

Eine Rakete wird aus dem Stillstand durch den ausströmenden Treibstoff senkrecht nach oben bewegt. Gegeben:

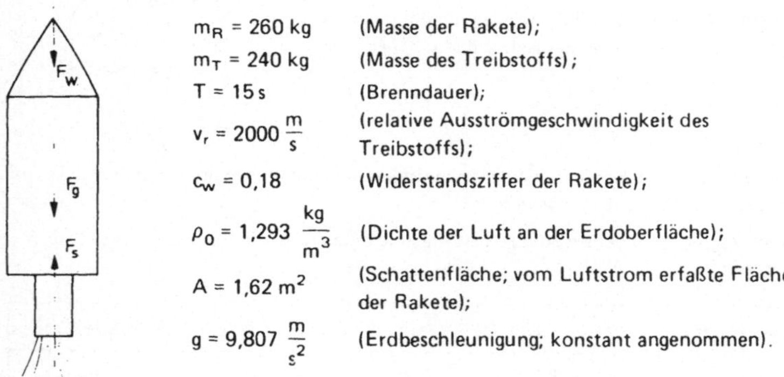

$m_R = 260 \text{ kg}$ (Masse der Rakete);

$m_T = 240 \text{ kg}$ (Masse des Treibstoffs);

$T = 15 \text{ s}$ (Brenndauer);

$v_r = 2000 \dfrac{\text{m}}{\text{s}}$ (relative Ausströmgeschwindigkeit des Treibstoffs);

$c_w = 0,18$ (Widerstandsziffer der Rakete);

$\rho_0 = 1,293 \dfrac{\text{kg}}{\text{m}^3}$ (Dichte der Luft an der Erdoberfläche);

$A = 1,62 \text{ m}^2$ (Schattenfläche; vom Luftstrom erfaßte Fläche der Rakete);

$g = 9,807 \dfrac{\text{m}}{\text{s}^2}$ (Erdbeschleunigung; konstant angenommen).

Zu bestimmen sind die Geschwindigkeit $v = v(t)$ und die Höhe $h = h(t)$ für $0 \leq t < T$, insbesondere $v_e = v(T)$ und $H = h(T)$. Die Bewegungsgleichung der Rakete lautet [1]:

$$m(t)\,\frac{dv}{dt} = F_S - F_W - F_g$$

mit

Masse $\quad m = m(t) = (m_R + m_T) - \dfrac{m_T}{T}\,t = m_0 - \dot{m}\,t$,

Schubkraft $\quad F_S = \dot{m}\,v_r$,

Gewichtskraft $\quad F_g = m(t)\,g$ und

Widerstandskraft $\quad F_W = \dfrac{c_w}{2}\,A\rho v^2$.

---

[1] s. Szabó: Einführung in die Technische Mechanik, Springer 1975

Die Dichte wollen wir mit $\rho = \rho_0$ konstant annehmen. Somit wird

$$\frac{dv}{dt} = \frac{F_S - c\,v^2}{m_0 - \dot{m}\,t} - g$$

mit $m_0 = 500\,kg$, $\dot{m} = 16\,\frac{kg}{s}$, $F_S = 32\,000\,N$, $c = \frac{c_w}{2}\,A\,\rho_0 = 0{,}1885\,\frac{kg}{m}$.

In dieser nicht geschlossen lösbaren Differentialgleichung ersetzen wir $\frac{dv}{dt}$ durch den Differenzenquotienten $\frac{\Delta v}{\Delta t}$ und erhalten:

$$\Delta v = \left(\frac{F_S - c\,v^2}{m_0 - \dot{m}\,t} - g \right)\Delta t\,;$$

$$v(t + \Delta t) = v(t) + \Delta v\,;$$

$$h(t + \Delta t) = h(t) + v_m\,\Delta t = h(t) + \left[v(t + \Delta t) - \frac{\Delta v}{2} \right]\Delta t\,.$$

Wir zeichnen in großen Zügen das *Flußdiagramm:*

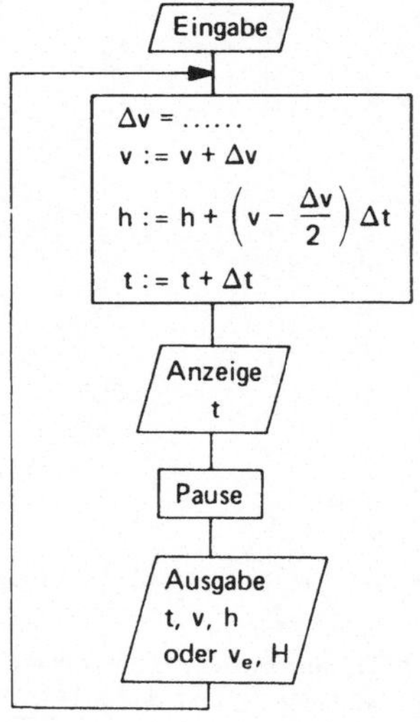

Speicherplan	
0	Δt
1	t
2	F_S
3	c
4	m_0
5	$\dot{m}$
6	v
7	h

Die für die Berechnungen benötigten Werte Δt, F_S, c usw. geben wir manuell nach obigem Speicherplan ein. Als Einheit werden für die Zeit Sekunde, für Längen Meter, für Massen Kilogramm und für Kräfte Newton ($1\,N = 1\,\frac{kg\,m}{s^2}$) benutzt.

Das Programm soll so angelegt werden, daß der Rechner entweder t, $v(t)$, $h(t)$ als Tabelle ausgibt oder nur die Endwerte v_e und H anzeigt. Da wir die Speicher R_5 und R_6 benutzen, müssen wir darauf achten, daß nicht mehr als 2 unvollständige Operationen auftreten (s. 1.2. und 1.3.).

Für den 1. Fall lautet das Programm (die $\boxed{\text{*Nop}}$ sind bereits für den 2. Fall vorgesehen):

PSS	Taste	PSS	Taste	PSS	Taste	PSS	Taste
00	RCL 2	12	–	25	=	38	RCL 1
01	–	13	RCL 4	26	SUM 6	39	*Nop
02	RCL 3	14	)	27	÷	40	*Nop
03	×	15	+/–	28	2	41	*Nop
04	RCL 6	16	–	29	–	42	R/S
05	x^2	17	9	30	RCL 6	43	RCL 6
06	=	18	.	31	=	44	R/S
07	÷	19	8	32	+/–	45	RCL 7
08	(	20	0	33	×	46	R/S
09	RCL 5	21	7	34	RCL 0	47	RST
10	×	22	=	35	SUM 1	48	
11	RCL 1	23	×	36	=	49	
		24	RCL 0	37	SUM 7		

Mit diesem Programm wurden die Werte der Tabelle 6.2.3 mit der Schrittweite $\Delta t = 1\,$s berechnet.

Tabelle 6.2.3

t/s	v /(m/s)	h/m
1	54,2	27,1
2	109,4	108,9
3	163,1	245,1
4	213,0	433,2
5	257,0	668,2
6	293,7	943,5
7	322,9	1251,8
8	344,9	1585,7
9	360,8	1938,5
10	372,0	2304,9
11	379,6	2680,7
12	384,8	3062,9
13	388,2	3449,3
14	390,7	3838,8
15	392,6	4230,4

Interessieren wir uns nur für $v_e = v(T)$ und $H = h(T)$, so ersetzen wir die Anweisungen $\boxed{\text{*Nop}}$ in den PSS 39 und 40 durch $\boxed{\text{*Pause}}$ und in der PSS 41 durch $\boxed{\text{RST}}$. Die Anweisung $\boxed{\text{*Pause}}$ gibt uns die Gelegenheit, den Wert t zu beobachten. Ist t = T, so stoppen wir manuell die Rechnung und lesen ab: $\boxed{\text{RCL}}$ 6 v_e $\boxed{\text{RCL}}$ 7 H.

Wir haben die Berechnung von v_e und H für einige Δt durchgeführt:

Δt/s	v_e/(m/s)	H/m
1	392,6	4230,4
0,5	392,0	4198,4
0,1	391,4	4171,3
0,01	391,2	4165,1

6.3. Elektrotechnik

6.3.1. Spannungsteiler

Für einen Spannungsteiler
(Bild 6.3.1) sei der Wider-
stand R stetig teilbar in $x\,R$
und $(1-x)\,R$ mit $0 \leqq x \leqq 1$.
Gegeben sind:

$R = 150\ \Omega;\qquad R_a = 80\ \Omega;$

$L_a = 0{,}24\ \text{H};\qquad f = 50\ \text{Hz}.$

Das Verhältnis $\dfrac{U_a}{U}$ und der

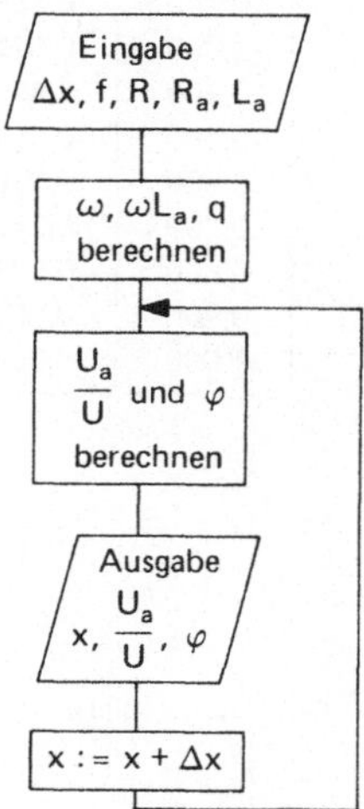

Bild 6.3.1

Phasenwinkel φ zwischen den
Spannungen $\underline{U}$ und $\underline{U}_a$ sollen in Abhängigkeit von x dargestellt und berechnet werden.

Nach den Gesetzen der Elektrotechnik gilt

$$\underline{U} = \underline{I}\,x\,R + \underline{U}_a \quad \text{und} \quad \underline{U}_a = \underline{I}\,\underline{Z} \quad \text{mit} \quad \frac{1}{\underline{Z}} = \frac{1}{(1-x)\,R} + \frac{1}{R_a + j\,\omega\,L_a} \quad \text{und} \quad \omega = 2\pi f.$$

Hieraus erhalten wir nach etwas längeren algebraischen Umformungen die folgenden
Berechnungsformeln:

$$q = \frac{R_a^2 + (\omega\,L_a)^2}{R}\,; \qquad y = x\,(1-x)\,;$$

$$\frac{U_a}{U} = \frac{1 - x}{\sqrt{1 + \frac{y}{q}\,(2\,R_a + y\,R)}}\,;$$

$$\varphi = \arctan \frac{y\,\omega\,L_a}{q + y\,R_a}\,.$$

Die Funktionswerte $\dfrac{U_a}{U}$ und φ (im Gradmaß) wollen wir uns von $x = 0$ bis $x = 1$ mit
der Schrittweite $\Delta x = 0{,}1$ ausgeben lassen.

Flußdiagramm:

	Speicherplan
0	Δx
1	f, ω
2	R
3	R_a
4	$L_a, \omega L_a$
5	q
6	x
7	$1 - x, y$

Um Programmspeicherplätze zu sparen, berechnen wir ω, ωL_a und q manuell und nehmen auch die Eingabe manuell vor:

$\boxed{\text{INV}}$ $\boxed{\text{*C.t}}$ Δx $\boxed{\text{STO}}$ 0 ω $\boxed{\text{STO}}$ 1 R $\boxed{\text{STO}}$ 2 R_a $\boxed{\text{STO}}$ 3
ωL_a $\boxed{\text{STO}}$ 4 q $\boxed{\text{STO}}$ 5.

Nach dieser Eingabe starten wir das folgende Programm (wobei wir noch darauf achten müssen, daß nicht mehr als 2 unvollständige Operationen auftreten, da sonst die Datenspeicher R_5 oder R_6 hierfür benötigt werden):

PSS	Taste							
00	1	12	×	25	(	38	RCL 7
01	–	13	RCL 2	26	1	39	×
02	RCL 6	14	=	27	–	40	RCL 3
03	=	15	×	28	RCL 6	41	+
04	STO 7	16	RCL 7	29	R/S	42	RCL 5
05	RCL 6	17	÷	30	)	43	)
06	*Prd 7	18	RCL 5	31	=	44	=
07	2	19	+	32	R/S	45	INV *tan
08	×	20	1	33	RCL 7	46	R/S
09	RCL 3	21	=	34	×	47	RCL 0
10	+	22	$\sqrt{x}$	35	RCL 4	48	SUM 6
11	RCL 7	23	1/x	36	÷	49	RST
		24	×	37	(		

Die Ergebnisse der Rechnung für die obigen Zahlenwerte des Spannungsteilers sind in der Tabelle 6.3.1 angegeben. In Bild 6.3.2 sind die Funktionen U_a/U (ausgezogen) und φ (gestrichelt) in Abhängigkeit von x graphisch dargestellt.

Tabelle 6.3.1

x	U_a/U	φ
0,000	1,000	0,000
0,100	0,824	4,421
0,200	0,685	7,362
0,300	0,572	9,237
0,400	0,477	10,281
0,500	0,394	10,616
0,600	0,318	10,281
0,700	0,245	9,237
0,800	0,171	7,362
0,900	0,092	4,421
1,000	0,000	0,000

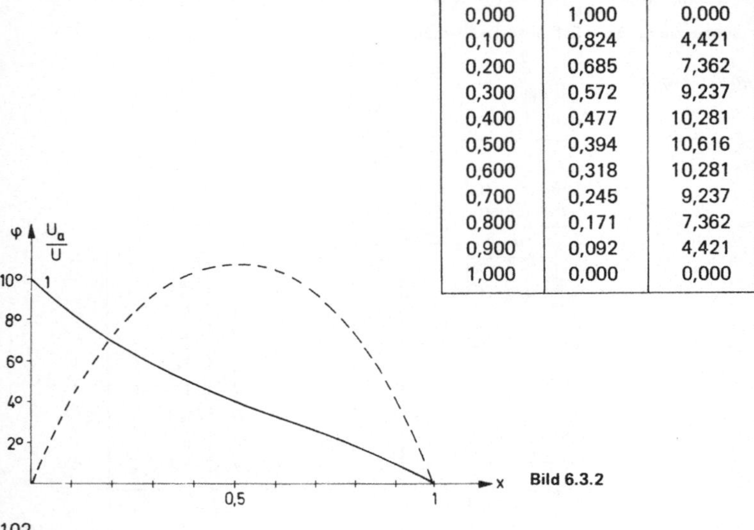

Bild 6.3.2

6.3.2. Berechnung eines Wechselstromkreises

Für den in Bild 6.3.3 dargestellten Wechselstromkreis sind gegeben: Frequenz f und Widerstände bzw. Induktivitäten R_0, L_0, R_1, L_1, R_2. Folgende Größen sollen berechnet werden:

Ersatzwiderstand $\underline{Z} = X + jY$,

Phasenwinkel φ zwischen Spannung $\underline{U}$ und Strom $\underline{I}$.

effektive Stromstärke I.

Es gilt

$$\underline{Z} = R_0 + j\omega L_0 + \underline{Z}_p \quad \text{mit}$$

$$\frac{1}{\underline{Z}_p} = \frac{1}{R_2} + \frac{1}{R_1 + j\omega L_1} \quad \text{und}$$

$$\underline{U} = \underline{I}\,\underline{Z} = \underline{I}\,|\underline{Z}|\,e^{j\varphi}.$$

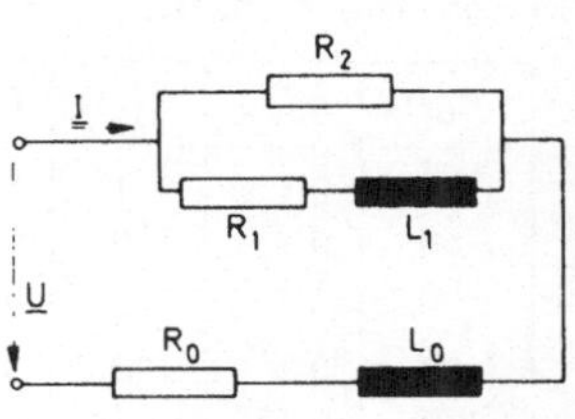

Bild 6.3.3

Hieraus erhalten wir nach einigen Umformungen:

$$X = R_0 + q\left[R_1(R_1 + R_2) + (\omega L_1)^2\right] ;$$

$$Y = \omega L_0 + q R_2 \omega L_1 ;$$

$$\varphi = \arctan \frac{Y}{X}$$

$$\text{mit} \quad \omega = 2\pi f \quad \text{und} \quad q = \frac{R_2}{(R_1 + R_2)^2 + (\omega L_1)^2} .$$

Speicherplan	
0	R_0
1	ωL_0
2	R_1
3	ωL_1
4	R_2
5	$R_1 + R_2$
6	q
7	x

Wir wollen voraussetzen, daß R_1, L_1, R_2 nicht gleichzeitig Null sind. Sonst wäre $q = \frac{0}{0}$ unbestimmt, und wir müßten Verzweigungen ins Programm hineinnehmen. Auch den Fall $X = 0$ (z.B. $R_0 = R_2 = 0$) wollen wir ausschließen. Diese Fälle werden vom Rechner durch Blinken angezeigt.

Wir schreiben das Programm unter Beachtung des Speicherplans:

PSS	Taste						
00	STO 0	12	(	25	RCL 5	38	×
01	R/S	13	RCL 5	26	+	39	RCL 3
02	STO 1	14	x^2	27	RCL 3	40	+
03	R/S	15	+	28	x^2	41	RCL 1
04	STO 2	16	RCL 3	29	)	42	=
05	STO 5	17	x^2	30	+	43	R/S
06	R/S	18	)	31	RCL 0	44	÷
07	STO 3	19	=	32	=	45	RCL 7
08	R/S	20	STO 6	33	STO 7	46	=
09	STO 4	21	×	34	R/S	47	INV *tan
10	SUM 5	22	(	35	RCL 6	48	R/S
11	÷	23	RCL 2	36	×	49	RST
		24	×	37	RCL 4		

Eingabe: $\boxed{\text{INV}}$ $\boxed{^*\text{C.t}}$ R$_0$ $\boxed{\text{R/S}}$ ωL$_0$ $\boxed{\text{R/S}}$ R$_1$ $\boxed{\text{R/S}}$ ωL$_1$ $\boxed{\text{R/S}}$ R$_2$ $\boxed{\text{R/S}}$

Ausgabe: X $\boxed{\text{R/S}}$ Y $\boxed{\text{R/S}}$ φ

In den folgenden Zahlenbeispielen dienen die ersten drei Zeilen zur Kontrolle des Programms: $f = 50\,\text{Hz}$, $\omega = 2\pi f = 100\,\pi\,\text{Hz}$.

R_0/Ω	L_0/H	R_1/Ω	L_1/H	R_2/Ω	X/Ω	Y/Ω	φ
100	0	1	bel.	0	100	0	$0°$
50	0	100	0	100	100	0	$0°$
50	$1/\pi$	bel.	bel.	0	50	100	$63{,}4°$
86	0	125	0	150	154,2	0	$0°$
110	0,45	65	0,84	120	204,4	178,0	$41{,}1°$
0	0,182	46	0,260	35	27,50	64,74	$67{,}0°$
450	2,5	300	1,8	280	660,7	853,0	$52{,}2°$
320	0	0	1,2	400	508,2	199,6	$21{,}4°$

7. Anhang

7.1. Tastenkode-Tabelle

Kode	Taste	Kode	Taste	Kode	Taste	Kode	Taste
00	$\boxed{0}$	19	$\boxed{^*\text{C.t}}$	38	$\boxed{^*\text{Exc}}$	60	$\boxed{^*\text{Rad}}$
01	$\boxed{1}$	20	$\boxed{^*\text{tan}}$	39	$\boxed{^*\text{Prd}}$	61	$\boxed{\text{SBR}}$
02	$\boxed{2}$	22	$\boxed{\text{x}\blacktriangleright\text{t}}$	40	$\boxed{^*|\text{x}|}$	65	$\boxed{-}$
03	$\boxed{3}$	23	$\boxed{\text{x}^2}$	42	$\boxed{\text{EE}}$	66	$\boxed{^*\text{x}=\text{t}}$
04	$\boxed{4}$	24	$\boxed{\sqrt{\text{x}}}$	43	$\boxed{(}$	70	$\boxed{^*\text{Grad}}$
05	$\boxed{5}$	25	$\boxed{1/\text{x}}$	44	$\boxed{)}$	71	$\boxed{\text{RST}}$
06	$\boxed{6}$	28	$\boxed{^*\text{sin}}$	45	$\boxed{\div}$	75	$\boxed{+}$
07	$\boxed{7}$	29	$\boxed{^*\text{cos}}$	46	$\boxed{^*\text{Nop}}$	76	$\boxed{^*\text{x}\geqq\text{t}}$
08	$\boxed{8}$	30	$\boxed{^*\pi}$	48	$\boxed{^*\text{Fix}}$	81	$\boxed{\text{R/S}}$
09	$\boxed{9}$	32	$\boxed{\text{STO}}$	49	$\boxed{^*\text{Int}}$	83	$\boxed{\cdot}$
13	$\boxed{\text{In x}}$	33	$\boxed{\text{RCL}}$	50	$\boxed{^*\text{Deg}}$	84	$\boxed{+/-}$
14	$\boxed{\text{CE}}$	34	$\boxed{\text{SUM}}$	51	$\boxed{\text{GTO}}$	85	$\boxed{=}$
15	$\boxed{\text{CLR}}$	35	$\boxed{\text{y}^\text{x}}$	55	$\boxed{\times}$	86	$\boxed{\text{LBL}}$
18	$\boxed{^*\text{log}}$	36	$\boxed{^*\text{Pause}}$	56	$\boxed{^*\text{Dsz}}$		

$\boxed{\text{INV}}$ wird durch ein Minuszeichen gekennzeichnet, z.B. $\boxed{\text{INV}}$ $\boxed{^*\text{sin}}$ durch -28.

7.2. Lösungen der Übungsaufgaben

Abschnitt 1.

1.1.
- a) 0,7957845
- b) −0,2038504
- c) 4767,1819
- d) 0,0211319
- e) $-7,8492862 \cdot 10^{15}$
- f) 0,0814529
- g) 2,9946797
- h) 1,9751954

1.2. a) 2   b) 9   c) 1

1.3. $s_1 = 6$; $s_2 = 84$; $p = 4096$; $q = 1$; $r = 2016$.

1.4. $A_M = 443,9\ dm^2$; $A = 709,8\ dm^2$; $V = 1090,2\ dm^3$.

Abschnitt 2.

2.1.

PSS	Taste
00	STO 1
01	*LBL 0
02	x^2
03	×
04	*π
05	÷

PSS	Taste
06	4
07	=
08	R/S
09	×
10	RCL 1
11	÷
12	8

PSS	Taste
13	=
14	R/S
15	×
16	RCL 1
17	÷
18	2
19	=

PSS	Taste
20	R/S
21	.
22	5
23	SUM 1
24	RCL 1
25	GTO 0
26	

d/mm	20	25	30	35	40	45	50
A/cm^2	3,14	4,91	7,07	9,62	12,57	15,90	19,63
W/cm^3	0,785	1,53	2,65	4,21	6,28	8,95	12,27
I/cm^4	0,785	1,92	3,98	7,37	12,57	20,13	30,68

2.2.

PSS	Taste
00	STO 1
01	R/S
02	STO 2
03	R/S
04	*LBL 1
05	STO 3

PSS	Taste
06	*cos
07	×
08	RCL 1
09	×
10	RCL 2
11	×
12	2

PSS	Taste
13	=
14	+/−
15	+
16	RCL 1
17	x^2
18	+
19	RCL 2

PSS	Taste
20	x^2
21	=
22	$\sqrt{x}$
23	R/S
24	GTO 1
25	
26	

γ	17,8°	48,9°	81,0°	104,7°	126,5°	146,1°
c/cm	23,2	42,5	63,0	75,7	84,9	90,6

2.3.

PSS	Taste				
00	STO 1	05	2	11	=
01	*LBL 3	06	+	12	÷
02	R/S	07	RCL 1	13	3
03	STO 2	08	÷	14	=
04	×	09	RCL 2	15	GTO 3
		10	x^2	16	

2.4.

PSS	Taste						
00	STO 0	08	0	17	1	26	)
01	R/S	09	+	18	=	27	=
02	STO 1	10	1	19	×	28	×
03	*LBL 4	11	=	20	RCL 2	29	RCL 0
04	R/S	12	STO 2	21	÷	30	=
05	÷	13	y^x	22	(	31	GTO 4
06	1	14	RCL 1	23	RCL 2	32	
07	0	15	=	24	−	33	
		16	−	25	1	34	

Ergebnisse für n = 6:

p	5,0	5,25	5,5	5,75	6,0	6,25	6,5
K_6	7142,01	7204,20	7266,89	7330,11	7393,84	7458,09	7522,87

2.5.

PSS	Taste						
00	STO 1	07	RCL 1	15	*LBL 5	23	=
01	R/S	08	−	16	−	24	R/S
02	STO 2	09	RCL 2	17	RCL 2	25	RCL 3
03	R/S	10	x^2	18	=	26	+/−
04	×	11	=	19	÷	27	GTO 5
05	4	12	+/−	20	2	28	
06	×	13	$\sqrt{x}$	21	÷	29	
		14	STO 3	22	RCL 1	30	

Ergebnisse (auf 4 Nachkommastellen):

x_1	3	2	− 0,3395	27,1146	0,0394
x_2	− 2	0,3333	− 4,8721	4,1454	− 0,0853

2.6.

PSS	Taste		PSS	Taste		PSS	Taste		PSS	Taste
00	STO 1		07	5		15	INV ln x		23	)
01	R/S		08	SUM 4		16	x		24	*sin
02	STO 2		09	RCL 4		17	RCL 1		25	=
03	R/S		10	R/S		18	x		26	R/S
04	STO 3		11	x		19	(		27	GTO 6
05	*LBL 6		12	RCL 2		20	RCL 3		28	
06	.		13	=		21	x		29	
			14	+/−		22	RCL 4		30	

t/s	0	0,5	1,0	1,5	2,0	2,5	3,0	3,5
y/mm	0	15,995	20,468	13,096	0,000	−10,722	−13,720	−8,778

4,0	4,5	5,0	5,5	6,0	6,5	7,0	7,5	8,0
0,000	7,187	9,197	5,884	0,000	−4,818	−6,165	−3,944	0,000

2.7. Berechnet wird $a + \sqrt{b^2 + 1} - \dfrac{2\,a\,b}{a + b}$.

Abschnitt 3.

3.1.

PSS	Taste		PSS	Taste		PSS	Taste		PSS	Taste
00	2		06	GTO 8		13	x		20	RCL 1
01	x ≥ t		07	x^2		14	2		21	+
02	*LBL 9		08	÷		15	−		22	1
03	R/S		09	4		16	1		23	)
04	STO 1		10	=		17	=		24	=
05	*x ≥ t		11	GTO 9		18	÷		25	GTO 9
			12	*LBL 8		19	(		26	

x	0,5	4	1	2	0	3
y	0,0625	1,4	0,25	1	0	1,25

3.2.

PSS	Taste		PSS	Taste		PSS	Taste		PSS	Taste
00	STO 0		09	x		19	+		29	(
01	STO 1		10	R/S		20	RCL 2		30	1
02	R/S		11	x^2		21	x^2		31	+
03	STO 2		12	=		22	=		32	RCL 1
04	*LBL 7		13	SUM 3		23	$\sqrt{x}$		33	)
05	R/S		14	*Dsz		24	R/S		34	=
06	+		15	GTO 7		25	RCL 2		35	R/S
07	RCL 2		16	RCL 3		26	x		36	
08	=		17	R/S		27	RCL 3		37	
			18	$\sqrt{x}$		28	÷		38	

Ergebnisse:

s = 335,07;   r = 4,6813;   p = 90,947.

3.3.

PSS	Taste		PSS	Taste		PSS	Taste		PSS	Taste
00	STO 1		05	SUM 2		11	$\sqrt{x}$		17	)
01	R/S		06	3		12	÷		18	=
02	STO 0		07	÷		13	(		19	STO 1
03	*LBL 6		08	RCL 1		14	RCL 2		20	*Dsz
04	1		09	+		15	+		21	GTO 6
			10	RCL 1		16	1		22	R/S

	$a_0 = 1$	$a_0 = 2$	$a_0 = 10$
n = 5	2,0938897	1,8800554	1,7949069
n = 20	1,7093653	1,7539459	1,7738011
n = 100	1,7295329	1,7370226	1,7403057

3.4 a

PSS	Taste		PSS	Taste		PSS	Taste		PSS	Taste
00	x ⮂ t		07	*Prd 1		15	RCL 0		23	SUM 2
01	1		08	1		16	−		24	*|x|
02	+/−		09	SUM 0		17	1		25	*x ≧ t
03	STO 1		10	4		18	)		26	GTO 5
04	*LBL 5		11	÷		19	=		27	RCL 2
05	1		12	(		20	×		28	R/S
06	+/−		13	2		21	RCL 1		29	RCL 0
			14	×		22	=		30	R/S

3.4 b

PSS	Taste		PSS	Taste		PSS	Taste		PSS	Taste
00	x ⮂ t		09	2		19	+		29	SUM 3
01	3		10	−		20	1		30	*x ≧ t
02	STO 2		11	1		21	)		31	GTO 4
03	STO 3		12	=		22	÷		32	RCL 3
04	*LBL 4		13	x^2		23	RCL 1		33	R/S
05	1		14	÷		24	÷		34	RCL 1
06	SUM 1		15	(		25	8		35	R/S
07	RCL 1		16	2		26	=		36	
08	×		17	×		27	*Prd 2		37	
			18	RCL 1		28	RCL 2		38	

	ϵ	s	n
3.4 a	0,01	3,1465677	201
3.4 b	0,000001	3,1415925	8

3.5.

PSS	Taste	PSS	Taste	PSS	Taste	PSS	Taste
00	STO 0	10	GTO 2	21	÷	32	*Dsz
01	STO 1	11	x ▸ t	22	(	33	GTO 3
02	R/S	12	GTO 1	23	·	34	R/S
03	STO 2	13	*LBL 2	24	8	35	$\sqrt{x}$
04	x ▸ t	14	x ▸ t	25	+	36	+
05	*LBL 3	15	x^2	26	RCL 3	37	RCL 2
06	R/S	16	+	27	)	38	=
07	STO 3	17	2	28	=	39	÷
08	x ▸ t	18	·	29	SUM 4	40	RCL 1
09	*x ≥ t	19	1	30	*LBL 1	41	=
		20	=	31	RCL 4	42	R/S

m	1	2	3	4	5	6
s_m	0	2,785	4,657	4,657	7,994	11,030

$c = 1,137.$

3.6. Berechnet wird $s = \sum\limits_{k=1}^{n} (2k - 1)^2$.

Abschnitt 4.

4.1.

PSS	Taste	PSS	Taste	PSS	Taste
00	STO 0	05	x^2	11	SUM 2
01	*LBL 1	06	÷	12	*Dsz
02	1	07	2	13	GTO 1
03	SUM 1	08	+	14	RCL 2
04	SBR 0	09	1	15	R/S
		10	=	16	*LBL 0

$s_6 = 6,2039.$

4.2.

PSS	Taste	PSS	Taste	PSS	Taste	PSS	Taste
00	STO 1	11	STO 5	23	=	35	*LBL 0
01	R/S	12	÷	24	ln x	36	RCL 1
02	STO 2	13	3	25	SUM 4	37	x^2
03	SBR 0	14	=	26	RCL 3	38	+
04	x	15	SUM 3	27	STO 1	39	RCL 2
05	2	16	1	28	R/S	40	x^2
06	=	17	SUM 2	29	RCL 4	41	=
07	SUM 3	18	SBR 0	30	STO 2	42	$\sqrt{x}$
08	1	19	SUM 4	31	R/S	43	INV SBR
09	SUM 1	20	1	32	SBR 0	44	
10	SBR 0	21	+	33	R/S	45	
		22	RCL 5	34	RST	46	

z_1	0,333	2,471	3,162	7,366	10,530	2,230
z_2	2,107	3,117	2,693	5,980	6,242	2,464
z_3	2,134	3,978	4,153	9,488	12,241	3,323

4.3.

PSS	Taste
00	STO 0
01	STO 1
02	*LBL 0
03	1
04	SUM 2
05	SBR 1
06	×

07	(
08	1
09	+
10	SBR 2
11	÷
12	RCL 1
13	)
14	=

15	SUM 3
16	*Dsz
17	GTO 0
18	RCL 3
19	R/S
20	÷
21	RCL 1
22	x^2

23	=
24	R/S
25	RST
26	* LBL 1
:	:
:	:
:	:
38	* LBL 2

n	5	10	20
s	2,0507758	2,7271625	3,1851422
c	0,0820310	0,0272716	0,0079629

4.4.

PSS	Taste
00	RCL 2
01	×
02	3
03	=
04	INV SUM 1
05	SBR 1
06	SUM 3

07	SBR 1
08	SUM 3
09	SUM 3
10	SBR 1
11	SUM 3
12	SUM 3
13	SUM 3
14	SBR 1

15	SUM 3
16	SUM 3
17	SBR 1
18	SUM 3
19	RCL 3
20	÷
21	9
22	=

23	R/S
24	RST
25	*LBL 1
26	RCL 2
27	SUM 1
28	SBR 0
29	INV SBR
30	*LBL 0

y_m	2,5230	1,7618	1,6490

4.5. Berechnet wird

$$y = e^{x^2 + 1} + \sqrt{(x-1)^2 + 1} + \ln[(x+2)^2 + 1] + \frac{1}{(x+1)^2 + 1}.$$

Sachwortverzeichnis

CIP-Kurztitelaufnahme der Deutschen Bibliothek

Gloistehn, Hans Heinrich
Programmieren von Taschenrechnern. — Braunschweig:
Vieweg.
2. Lehr- und Übungsbuch für den TI-57. — 1. Aufl. —
1978.
ISBN-13: 978-3-528-04094-9   e-ISBN-13: 978-3-322-85853-5
DOI: 10.1007/978-3-322-85853-5

1978

Satz: Vieweg, Wiesbaden

ISBN-13: 978-3-528-04094-9